无畏而自由

聪明女性如何转型并重塑事业

FEARLESS AND FREE

HOW SMART WOMEN PIVOT AND RELAUNCH THEIR CAREERS

[美] 温迪·萨克斯（Wendy Sachs） 著
丁丹 译

人民东方出版传媒
People's Oriental Publishing & Media
東方出版社
The Oriental Press

图字：01-2018-3895 号

图书在版编目（CIP）数据

无畏而自由：聪明女性如何转型并重塑事业／（美）温迪·萨克斯 著；丁丹译. —北京：东方出版社，2018. 12
书名原文：Fearless and free：how smart women pivot and relaunch their careers
ISBN 978-7-5060-8832-9

Ⅰ. ①无… Ⅱ. ①温… ②丁… Ⅲ. ①女性—成功心理—通俗读物
Ⅳ. ①B848. 4-49

中国版本图书馆 CIP 数据核字（2018）第 131978 号

无畏而自由：聪明女性如何转型并重塑事业
（WUWEI ER ZIYOU：CONGMING NÜXING RUHE ZHUANXING BING CHONGSU SHIYE）

作　　者：［美］温迪·萨克斯
译　　者：丁　丹
责任编辑：刘晋苏
出　　版：东方出版社
发　　行：人民东方出版传媒有限公司
地　　址：北京市东城区东四十条 113 号
邮　　编：100007
印　　刷：鸿博昊天科技有限公司
版　　次：2018 年 12 月第 1 版
印　　次：2018 年 12 月第 1 次印刷
印　　数：1—5000 册
开　　本：880 毫米×1230 毫米　1/32
印　　张：10
字　　数：240 千字
书　　号：ISBN 978-7-5060-8832-9
定　　价：49. 00 元
发行电话：（010）85924663　85924644　85924641

谨以此书献给我的妈妈，

感谢她把我养育得无畏而自由。

还有我的丈夫迈克尔（Michael），

感谢他无条件地支持我的每次转型。

引　言

2014 年 8 月，我丢了工作。那份工作是以自由职业者身份担任 Grey 内容总监。Grey 是家有着百年历史的全球性广告公司，电视剧《广告狂人》（*Mad Men*）常有提及，达克·菲利普斯（Duck Phillips）被迫离开 Sterling Cooper 后就去了 Grey。因为 Grey 砍掉了我短命的职位（广告公司经常发生这种小悲剧），所以我需要重新找份全职工作。我一心想要加入纽约市（New York City）一家前途远大、颇有名气的数字媒体创业公司，部分原因在于担心如果不在热门科技公司工作就会很快落伍。我新闻专业出身，而传统媒体苟延残喘。作为“X 世代”——1960—1980 年出生的人，我觉得自己在就业市场迅速贬值。为了不被淘汰，我需要换个行业找工作……或者至少找份工作。

我到一家小型公共关系与社交媒体公司面试，与十几个不到三十岁的人肩并肩坐在符合人体工程学的椅子上，挤在一张用再生橡木做的环保型桌子周围。一条爱尔兰长毛猎犬从狭窄的过道漫步过来，多元自控系统随即打开了房间的灯。在一间临时会议室，面试我的人，一个留有胡须的“千禧世代”，在笔记本电脑上看我的简历，不接我递过去的纸质版。“我们这里倡导节省木材、保护环境。”他说。我笑了笑，拿回我那叠显得唐突的简历，胡乱地塞回我的包里。我这个老土的人，面试时总是带着好几份纸质简历。

“简历上说，你在国会山（Capitol Hill）做过新闻秘书。”他开始面试。

“是的！”我大声回答，兴奋于这个潮人注意到了我大学毕业后的第一份工作。二十岁出头时，我在克林顿执政期间为两个民主党国会议员工作过，我总是认为这段经历非常重要，会给人留下深刻印象。

“哦，我们这里的经营基础是与媒体保持良好关系，”那个“千禧世代”不以为然地说，“关系就是一切。我担心的是，你在政府部门工作过。我的意思是，我不想看到你摔电话，把人惹毛。”

啊？

之前，我在政府部门的工作经历一直是我的敲门砖，让我显得稳重可靠。国会山就是“X世代”的谷歌（Google），在那找到工作预示着前程似锦。继国会山之后，我还在 NBC 日界线、FOX、CNN 效劳过。我做过各种各样有趣的工作，但是这个家伙独独揪住我从 20 世纪 90 年代中期起在政府部门工作的那段经历向我发难。“我不是《副总统》(*Veep*) 或《纸牌屋》(*House of Cards*) 里的人物，”我爽朗地笑着说，“我 21 岁时开始我的第一份工作，在超级拥挤的媒体市场为迈阿密 (Miami) 新出炉的国会议员工作。我求着记者报道我们。我没有挂过任何人电话。”

我抓了一把羽衣甘蓝脆片，拿了一杯椰子水，偷偷溜出了房间。出来后，我意识到，这反映了一个更大的问题。我，一个听随身听、喝健怡可乐长大的实打实的“X 世代”，与这个“千禧世代”之间的代沟大得超乎我的想象。走在第五大道 (Fifth Avenue)，我意识到，我的职业转型会比我预期的更难。我需要制作一份高水平简历。我需要润色我的故事，推销我的技能。

我需要重新审视我的经历，发掘新的卖点。我甚至可能需要大大降低薪资要求，以退为进。

神奇的硅谷

社会大趋势总会影响到我们所有人。从文身到勃肯鞋再到同性恋婚姻，一些思想、产品、政治运动有一种不可思议的能力：达到临界质量[①]，然后获得认可，融入大众文化。过去十年，硅谷（Silicon Valley）和创业界成了新潮文化发源地，部分原因在于那里神话般地崛起了一批独角兽公司，即优步（Uber）和爱彼迎（Airbnb）那样估值超过十亿美元的创业公司，部分原因在于那里有着震撼人心的改变世界、打破现状、永远创新的精神。今天，硅谷就是我们的北斗星，影响着从新闻、娱乐到公共政策、职场文化的一切。

那个提倡快速失败、彻底转型的著名颠覆式创业模型，不是典型的女性创业模型。女性的风险规避倾向更强。我们对下一步想得过多，做好万全准备才行动。做着之前从未做过的工作，我们总是担心自己不够胜任。女性不是偏向破旧立新，而是偏向循规蹈矩。而且，我们经常转不动，因为我们卡住了。

如果女性欣然接受这个创业模型，那又怎样？如果我们有信心去冒险，即使我们知道一开始可能失败，那又怎样？如果我们不是纠结走哪一步，而是大胆迈步，那又怎样？如果我们

---

① 人们曾经援引临界质量（critical mass）这个词描述原子反应过程的术语来比喻硅谷以及IT行业的迅速崛起。临界质量是指知识技术积累到一定的临界点，新技术就会跟裂变反应一样爆发，并剧烈扩展。

能够通过不断迭代[1]、筹划奇遇、快速失败、拓展人脉、打造品牌来调整路线、提升自我、转变职业，那又怎样？还没人对女性说过这些话。不是因为我们没有穿黑客必穿的连帽衫，而是因为我们还有芭比问题。

要怪芭比

说到职业转型，芭比可不陌生。自1959年诞生以来，芭比从事过150种职业。她的简历列出了五花八门的工作，从泳装超模到美国总统不一而足。但是，2014年，她进入科技界，遭遇了惨败。芭比在博客圈引发争议，恰巧是在作家兼迪士尼编剧帕梅拉·瑞邦（Pamela Ribon）读了儿童图书《芭比：我也可以当电脑工程师》(*Barbie：I Can Be a Computer Engineer*)之后。在这本书中，斯科普（Skipper）向芭比问起关于她以为芭比正在制作的视频游戏的问题，芭比笑着说她只负责“设计”。“我需要史蒂芬（Steven）和布赖恩（Brian）帮忙把我的设计变成真正的游戏！”芭比不会编程，但会画可爱的小

① 迭代是重复反馈过程的活动，其目的通常是逼近所需目标或结果。每一次对过程的重复称为一次“迭代”，而每一次迭代得到的结果会作为下一次迭代的初始值。

狗。后来，芭比的电脑中毒，感染了斯科普的硬盘，导致斯科普丢了家庭作业和音乐文件。愚蠢的芭比！

“嗨，伙计们，”芭比说，“我原本想把我的设计发给你们，但结果把我的笔记本电脑搞崩溃了——还有斯科普的，也崩溃了！我需要找回丢失的文件，把我俩的笔记本电脑都修好。”

“我和布赖恩帮忙的话，会更快。”史蒂芬说。

两个男生程序员收拾好了烂摊子，修好了斯科普的艳粉色笔记本电脑，但是芭比把功劳归到自己头上。看了这个有辱女性的故事，编剧瑞邦义愤填膺，在博客上写了一篇文章揭露书中情节，批评该书对孩子幼小心灵造成的伤害。这篇文章被疯狂转发。反芭比者采取行动，在脸书（Facebook）号召大家改写这个故事。电脑工程师凯思琳·瑞特（Kathleen Tuite）创建网站女权主义者芭比黑客（Feminist Barbie Hacker），寻找女性程序员来帮忙“众包”改写工作。瑞特收到了网友们提交的两千多个经过改写的故事。芭比生产厂家美泰（Mattel）公开道歉，兰登书屋（Random House）把该书从亚马逊（Amazon）下架。这不止是美泰经历的又一次公关危机，而且对很多人来说是进一步证明：不仅科技界普遍存在性别歧视问题，而且整个社会仍然认为修笔记本电脑是男生做的事情。

随着现代科技彻底改变我们所有人的工作方式、工作地点、工作内容，各行各业的女性需要知道怎样从硅谷吸取宝贵经验来推动自我进步。无论我们从事什么职业，我们都需要破解密码、改写命运。我们总是看着男性做这件事。他们迭代、转型、进步。像芭比的男性朋友一样，他们设计游戏、力挽狂澜，而女性落在后面画小狗。

研究表明，女性之所以够不到铜铃①，原因可能是：害怕失败，于是试都不试。不尝试，就很难树立信心。当今世界发展如此之快，没有时间犹豫了。

不断学习，与时俱进

过去十几年，尽管经济不景气、失业率上升，但是我们还是看到了一些全新行业的迅速发展壮大。有些职业不见了，有些职业改变了。一些职业，比如社交媒体管理员、数据科学家、IOS 开发者，十年前尚不存在，现在正在蓬勃发展。

“现在没有所谓的职业通道，”纽约招聘公司 Howard-Sloan-Koller Group 常务董事凯伦·施内克·利普曼（Karen Shnek Lippman）说，“现在，你的职业发展只有一个目标，那

① 铜铃，起源于 1880—1920 年的一种狂欢游戏，谁要是够到铜铃，就可以免费再骑一次木马。比喻游戏参与者人人都可能实现的目标，只要努力伸手去够并且有好运气。

就是与时俱进。”

过去二十年，我工作断断续续，经历过多次转型（多得快赶上皮鲁埃特旋转了①）。我最初在政府部门工作，后来做电视新闻，再后来在各种战略传播、内容、编辑工作之间来回切换。我在创业公司工作过，也在传统公司工作过。我还做过一些零散的工作，比如给猫途鹰（TripAdvisor）做广播发言人。另外，我还在电视上扮演过旅行家。

澄清一下，我的每次职业转型并非都是有意为之。我并没打算每隔几年就换个工作，最初换工作是迫不得已。我被炒过鱿鱼，在创业公司耗尽资金、彻底失败时丢过工作，在两次怀孕前后不得不辞职。有些工作，特别是那种需要随时收拾行李出差的工作，很难与养育小孩兼顾。但是，近年来，随着数字技术大大扩张媒体世界版图，我努力提前筹谋，像管理企业一样管理我的职业生涯。

LinkedIn 联合创始人里德·霍夫曼（Reid Hoffman）表示，当今时代，每个人都需要把自己视为企业家，即使自己并没做企业。他在《像打造企业一样打造你自己》（*The Start-up of You*）② 一书中写道，今天重要的是一种企业家心态。与之相

① 芭蕾舞步的一个基本动作。
② 中文版译名《至关重要的关系》。

伴的是应变能力，这对在当今职场取得成功至关重要。

雇主今天比以往任何时候都希望员工能在工作中学习，而且是快速学习。他们也不指望员工留多久。最近一项研究发现，91%的“千禧世代”一份工作做不到三年，大学毕业后头十年换过三次工作。换工作是新常态，快速学习是必备技能。

“现在有很多复合型职位，要求求职者具备多重技能，”施内克·利普曼说，“你不能只做编辑。在此之外，你必须成为受众拓展专家，同时了解手机工作原理。跨领域工作现在比以往任何时候都普遍，你必须做好准备，以开放的心态迎接它，因为它是唯一的生存方式。”

我们必须学会转型

好消息是，许多行业的成功之路不再是线性的。科技让零售、媒体、营销、销售、广告，甚至法律等领域发生了翻天覆地的变化，创造出几百万种新工作。职业生涯发展阶梯没有了，上升变得更加曲折。现在，至关重要的是有勇气和信心去行动并冒险。然而，许多女性就是缺乏胆量底气，因此退缩不前。女性无法进步的另外一个常见原因是，自我认知不清、自我定位不明。

我们当中有许多人并非只能放到一个模子里。不带恶意的问题“你是做什么的?”也许会掀起一场存在焦虑海啸。

“没有项目可做时，说我有公司好像就是骗人，”娱乐节目制作人尼基·凯斯勒说，“所以，有时我想知道：我退休了吗？我是制作人吗？我只是一个妈妈吗？我是什么?”

这本书考虑了处在职业生涯不同阶段的女性。有些人可能想要完全重新开始，有些人可能想要重新定位自己以与时俱进。还有更多人可能在当了一段时间全职妈妈后想要重返职场，需要信心和方向来迈出第一步。这本书介绍的女性涵盖了从“千禧世代”到“婴儿潮世代”的几代人，大多数是“X世代”。她们有一个共同特点，即都做了职业转型或职业重启。她们的故事表明，只要愿冒险，有底气抓住机会，始终做真实的自己，敢于迈出哪怕是婴儿般的一小步，就会进步。

事实上，连本书写作地新泽西州南奥兰治（South Orange）Able Baker 面包店店主朱莉·保利也有自己的重启故事。她的重启故事和许多重启故事有着一样的开头，即起于不幸。2008年，经济衰退，投资银行雷曼兄弟（Lehman Brothers）破产。那年圣诞节次日，朱莉·保利丢了她在纽约市的零售管理工作。找不到新工作，朱莉就开了一家面包店，一是因为确实喜欢烘焙，二是因为想在失业期间保持忙碌，没想到却把这家面包店做成了新泽西州郊区一家蓬勃发展的本地企业。《纽约时报》(*New York Times*) 报道过朱莉的面包店及其带有颓废文艺气息的烤饼。

正如玛德琳·奥尔布莱特 (Madeleine Albright) 的那句名言一样，女性的职业发展往往不是线性的，而是曲折的。女性需要欣然接受这一曲折。为了进步，我们需要内在信心来在职业发展上做出改变，还需要外在信心来让人听到我们的声音，注意到我们的存在。我们需要停止道歉，直抒己见，不再害怕得罪人。我们需要明白怎样利用我们的技能，赋予我们的经历(即使是志愿服务) 以价值。我们需要润色自己的故事，提出自己的宣言，我们需要抱成一团放大我们的声音。我们需要为改变制造契机。

我们这几代女性，在追求进步的文化中长大。现在，我们必须学会转型。

目录
CONTENTS

第 1 章

改变用词：提升你的个人品牌

"现在是你的时代。有意识地去做有意义的工作。永远不要站在原地纠结。做你喜欢做的事情。大胆行动。居安思危。人过留痕。"

——SWEETGREEN 店面标语

Sweetgreen，纽约市熨斗区（Flatiron area）一家农场直送餐桌、买了带走式沙拉店，排着长队——大概有五十人，我排在中间。Sweetgreen 的标语挂在入口显眼处，就像一座鼓舞人心的灯塔，召唤我们进入这家香气扑鼻的沙拉店，店里满是有机羽衣甘蓝、人工饲养无激素烤鸡。我之所以来 Sweetgreen 排长队等候，不仅是因为那里的新鲜无激素有机食物，而且是因为那里的氛围。辣味葵花籽和烤中东素丸子里有一种令人振奋的东西。它借鉴单车健身房 SoulCycle 的营销口号，结合可持续发展概念提出的经营理念，引起了我的共鸣。“我们美味而健康的食物符合你的价值观。” Sweetgreen 网站“我们的故事”页面上写道。

今天，每一个品牌，从 Warby Parker 眼镜，到 TOMS 鞋子，就像漫画书里的每一个超级英雄，都有一个起源故事。我们女人也有各自的故事。我们需要定义、坦陈、推销我们的故事。我们大多数人不会把个人宣言纹在背上四处招摇，于是我们呈现给世人的样子（当面的和在线的）就非常重要。我们知道，从我们的 LinkedIn 档案和我们在社交媒体上发布的内容可以看出我们拥护什么、关心什么。我们在社交媒体上说话小心，甚至装腔作势，想要打造一定的形象。但是，我们可能还是忽略了一点——这一点有多微妙就有多明显。我们在当面沟通和电子邮件沟通中的用语决定了沟通的基调，几个字词就能传达我们的信心或不安。我们以为友好的沟通风格可能会在无意中给我们造成伤害。我们女性有时会无意识地使用一些字词、短语来修饰我们的话语，还没开始就削弱我们的力量、破坏我们的形象、搞砸我们的品牌、降低我们在就业市场的价值。

铿锵有力：不要随口说抱歉

“抱歉”是我的好朋友兼前同事乔·弗莱特里经常使用的词语。她四十三岁，是纽约市一个精明老练但又非常可爱的公关达人。这个词语对她有用。“它能缓解紧张氛围。”我们坐着吃 Sweetgreen 沙拉时，乔告诉我。

乔热情、朴实，这种气质让她显得坦诚，能让人卸下防备。她擅长博取媒体关注，也同样擅长应酬脾气火爆的人。乔的前任老板喜欢带她去见强硬的客户，因为她本能地擅长化百炼钢为绕指柔。“我是能让烈马冷静下来的小马驹。我是双子座、中间儿，总做和事佬。”乔笑着说，脸上现出了酒窝。

乔坦率但不轻率。她经常说“抱歉”，以免显得冒失。听乔说“抱歉”多年后，我也开始说“抱歉”。这个词语非常管用，是一种可爱的社交润滑剂，让我的话语更圆润、更柔和——也许更容易让人听进去。几年前，我从一家创业公司离职，那家公司的老板告诉我，我显得太过生硬粗暴。因为我在纽约远程工作，而公司总部在波士顿（Boston），我与同事的大部分沟通在电话上进行。“他们只是看不到真实的你，”老板告诉我，“他们对你的认识不同于我对你的认识，我能看到你的微笑、你的肢体语言，而他们不能。”这在职场中应该算是建设性批评，但还是让我觉得是针对我个人的。

为了改变在工作中别人对我的看法，我开始尝试像乔一样说“抱歉”。从来没有人指责乔刻薄专横或生硬粗暴。是因为她头发金黄、个子娇小吗？还是因为她用词柔和？也许两个原因都有一点儿吧。于是，我开始道歉。

我在 Grey 广告公司找到了新工作，带去了我的“抱歉之道”。我的同事多是年轻有为的男人，这个词很快成为我的口头禅。好像没人因我的直接而觉得受打击或受威胁，也没人指责我专断蛮横，好吧，也许因为我不再那么直接了。我的抱歉变得近乎恭敬：“抱歉，我要怎样把我的计划告诉我的团队？”它成为我说话的起头语。“抱歉，我可以问你一个问题吗？”讽刺地是，我在 Grey 工作期间，Grey 制作的一个洗发水广告立即改掉了我说抱歉的习惯。我现在突然为说抱歉感到抱歉。

2014 年投放的潘婷（Pantene）广告，展现了女性下意识地用道歉来让语气变得柔和，从而无意识地削弱自己力量的习惯。这则广告给出了女性在不同情境不停道歉的画面。工作中，在会议室，一位坐着的女人仰头对旁边一位站着的男人说：“抱歉，我可以问一个愚蠢的问题吗？”家庭里，在厨房，一个妈妈把宝宝递给貌似是爸爸的男人时说“抱歉”。对陌生人也说抱歉：地铁里，一位男人在一位女人旁边坐下，伸展手脚时碰到了她的膝盖，但是她道歉了；一位女人与一位貌似是她朋友的男人一起上了汽车，两人同时开始说话，女人说："抱歉，你先说。"

女性不是为言行粗鲁或伤害他人而道歉，而是仅为提出问题和占了地方而道歉。这个社交润滑剂被女性用得太多了、泛滥了。"抱歉"不再是为搞砸事情而道歉的专用词，成了确保没人指责你专横、刻薄、嚣张的一种方式。它是填充词，它是支撑物，它是让你在提要求时显得更温和的一种方式。它是一个力量削减器，让你的话语显得软弱无力。

说话不要拖泥带水

科技公司 Cyrus Innovation 首席执行官塔米·雷斯（Tami Reiss），与其他许多女士一起在"非凡女性联盟（League of Extraordinary Women）"吃早午餐期间看了以上小品。她们讨论了女人是怎样变得习惯于使用这些力量削减词的，即使知道不该用。她们还谈到了《华盛顿邮报》(*Washington Post*）最近刊登的一篇文章：《名言警句：女人在会上怎么说它们》（*Famous Quotes*：*The Way a Woman Would Have to Say Them in a*

Meeting）。在这篇文章中，记者亚历山德拉·佩特里（Alexandra Petri）讽刺了女人的说话方式。

- **“不自由，毋宁死。”**

女人在会上说：“戴夫（Dave），如果可以，我可以只是——我只是真的觉得，如果有自由可选，那太好了，另一选择太糟了，您知道吗？那只是我的一点想法。我不知道。”

- **“我有一个梦想！”**

女人在会上说：“我很抱歉，我只是想到了——这个想法可能有些疯狂，但是——你们要是觉得荒谬，就当没听见就是了——我有一种可以说是想法或愿景的东西吧，也许有关未来？”

- **“让我的人走。”**①

女人在会上说：“法老，我完全明白您在这件事情上是怎么想的。我完全明白。如果您已做出决定，那我不想插手。但是，只是，我不得不说一句：您能不能考虑一下，放这些人走也许是积德呢？还是，那已经不在讨论之列了？”

---

① 圣经出埃及记，摩西对法老说。

塔米说，她不是第一次听人谈论女性不习惯有话直说了。很多培训，包括那些教女性吸引投资人的培训，鼓励女性不要用“我们认为”和“我们希望”之类词语毁了自己和自己的事业。显然得做点什么了——必须想方设法有效地提醒女同胞们，她们正在应该充满自信直抒己见的时候用一些词语削弱自己话语的力量。如果有一种类似于拼写检查的东西来检查“抱歉”呢？塔米向坐在旁边的一位朋友建议道。如果她做出一个能突出显示这些力量削减词的在线工具呢？一起吃早午餐的女士们赞成这个主意，一位女士甚至同意在投放市场时提供一些免费公关服务。

2015 年 12 月，塔米发布“只是不抱歉（Just not Sorry）”Gmail 插件：当你输入“只是”“实际上”“抱歉”“我认为”“我不是专家”等词语，插件会突出显示这些词语，以作提醒。如果你把鼠标悬停在这些词语上，插件会解释这些词语可能会怎样削减你话语的力量。

“这是一项正念练习，”塔米说，“它让你意识到什么时候要用、什么时候不要用这些词语。我们把它设计成一项意识训练，我们知道它会带着女性一起迈向成功。”

让塔米没有想到的是，它会让新闻界那么感兴趣。投放市场不到一天，从《BBC 新闻》（*BBC News*）和 NPR 到 NBC《今日秀》在内的多家新闻媒体都在谈论“只是不抱歉”，并打电话采访塔米。它戳到了一根敏感的神经。

“通过它，我们对女同胞们说，你正在有意识地走自己的路，”塔米说，“如果你下意识地习惯说‘抱歉’，使用力量削减词，那么即使消灭其中一半，你也会赢得更多尊重。”

碧昂丝：“抱歉，我不道歉”

毫无疑问，我们正流行说抱歉。想进一步确认其流行程度，只需看看流行乐坛天后碧昂丝（Beyoncé）。2016 年 4 月，碧昂丝发行专辑《柠檬汽水》（*Lemonade*），歌词含沙射影。碧昂丝的丈夫 Jay-Z 真的出轨了？碧昂丝的歌曲《抱歉》（*Sorry*），副歌歌词是“抱歉，我不道歉（Sorry，I ain't sorry）”，明确表示，作为霸气 fierce[①]、独立的女性，“天后”绝不道歉。在这首火热歌曲的激发下，演员、作家、电视剧《衰姐们》（*Girls*）导演莉娜·邓纳姆（Lena Dunham）谈起了她近乎病态的“抱歉”癖。《柠檬汽水》推出几周后，2016 年 5 月 25 日，莉娜·邓纳姆在 LinkedIn 发了一个帖子，标题为

---

① 这个词语含义丰富。自从美国设计师 Christian Siriano 在 NBC 的招牌节目上把“fierce”变成自己的口头禅开始，这个单词就成了最最最时髦的赞语！“fierce”与身材、服装、年龄无关，是用于表达自我、自信心的体现。当独特个性和独特时尚相撞，“fierce”就会滋生。被形容为“fierce”的家伙一定“自我感觉良好，特立独行，坚强而且自信”。

《我的道歉瘾》：

> “我这个女人，有时候是对的，有时候是错的，但不知怎地总是在抱歉。而且，自从我当上老板以来的六年里，这一点表现得再明显不过了。我们许多人很难做到说话有力，但是作为一个 24 岁的女人（女孩、女生，总归是个女的)，我觉得自己的情况蛮危险的：一方面自信心爆棚，另一方面患有骗子综合征，而且能有多严重就有多严重。我手下的人数超过我年龄的两倍，而对他们来说，我是《衰姐们》剧组握有最终决定权的人。我不得不向一大批律师、代理人、编剧清晰地表达我的需求和意图。我投入地工作，这种投入虽然让我克服了我的几乎所有绩效焦虑，但是并没有让我克服我天生的道歉本能。如果我改变主意，如果有人不同意我的意见，即使是别人听错了或犯错的是别人……我也非常非常抱歉。”

这也许表明，邓纳姆，现代女权主义和赤诚勇敢精神的“千禧世代”代言人，也不能摆脱道歉本能。连我们当中最勇敢的人也深受其苦。

装大

所有这些“抱歉”背后都有原因，《装大：找到你的声音、你的使命、你的宣言》（*Playing Big*：*Find Your Voice*，*Your Mission*，*Your Message*）的作者塔拉·莫尔（Tara Mohr）说。莫尔是职业发展和个人成长教练，教女性找到自己的声音，忽视内在的批评，开辟有意义的职业生涯。“我们说抱歉，有时候是出于习惯，是无心的，但有时候是因为觉得需要让语气显得柔和一些，或者需要给人留下不具威胁性好女孩的印象，”莫尔说，“我们左右为难，想要骑墙，确保不得罪任何人。”

莫尔说，研究表明，我们可以很快看出一个人是否热情。这个特点是最先判断出来的。我们感觉得到她的气场、我们喜不喜欢她。但是另一方面，能力要过一段时日才能确定。

“进化使然，人们习惯于首先评估谁是朋友谁是敌人，”莫尔说，“首次交往，我们关注热情；觉得喜欢一个人，才会给她机会展示能力。关键是如何让自己显得热情又不让人看低自己。”

莫尔谈到了一个方法：会议或电子邮件的开头和结尾以热情的语气聊些私人的事情。

“会议开始的时候，花三到五分钟聊聊周末、宠物等等，来拉近距离。然后，展示你的能力。但是，结尾的时候，聊些温馨的事情，来展示你的热情友好、平易近人。”莫尔说。

这一套在目标是显得友好但专业的商务电子邮件中恰好行不通。认识到这一点后，乔·弗莱特里改变了她的在线交流方式。

“很难通过电子邮件建立私交，”乔说，“此外，在非常注重及时性的新闻界和客户管理界，我发现自己经常道歉，十有八九是在我并没做错什么的时候。那是出于习惯。起初，我用它来缓解紧张氛围，后来，我发现自己把它用作过渡词。再后来，我真正醒悟了。当时，我在做一个项目，发了一封群邮件说，‘抱歉，这里说一件与我无关的事情，平心而论，这件事情甚至不是非常糟糕。’”

“一同做这个项目的一个人（他成了我的良师益友），立即打电话问我，为什么我要为与我无关的事情道歉。而且，他说，‘不要在电子邮件说抱歉。不要留下电子记录。如果你搞砸了，没关系。就说，情况是这样’。之后，我更加意识到了，我是多么容易主动为与我完全无关的事情或完全不为我掌控的事情道歉。我刻意不再写‘抱歉’，不过仍然不得不删除偶尔溜出来的‘抱歉’。现在，如果必须道歉，那么我会当面或打电话道歉。我不在电子邮件道歉。”

除了“抱歉”，莫尔说还有一些词语也要引起我们注意。连一些不起眼的词语也会大大地削弱我们的力量。“只是”“实际上”“几乎”等修饰词也许会让我们的语气显得柔和一些，但会让我们显得没有信心。莫尔建议仔细检查腹稿或电子邮件草稿，查找“我只是有一个不太成熟的想法……”或“我不是这方面的专家，但是……”之类限定语。她说，删掉限定语，想说什么就直接说。而且，还要查找，比如“这有道理吗？”和“您懂我的意思吗？”之类句子或短语，因为它们让你显得不够连贯。你可以换成“如果您对此有任何疑问，请告诉我”。结尾的时候，你可以亲切一些，但是不要离题了。写电子邮件，直截了当表达意图，你更有可能得到回应。

双重束缚：可爱对能干

众所周知，女性处在左右为难的境地。有个心理学术语专门描述这种两难境地，那个术语就是双重束缚。有相当多研究探讨双重束缚，其中包括非营利机构“催化剂”（Catalyst）2007 年做的研究，“女性领导人面临的两难困境：做了被骂死，不做注定死（The Double-Bind Dilemma for Women in Leadership：Damned if You Do，Doomed if You Don't）”，标题说明了一切。女人做领导很难。研究发现，商界女性被视为“要么太柔和，要么太强硬，从未恰到好处”。当女性领导人符合性别刻板印象表现得温和，就会被视为不够强势。但是，当女性领导人呈现典型的男性领导人特质，比如果敢、率直，又会被视为太过严厉、不近人情。

乔治城大学（Georgetown University）语言学教授兼性别与语言方面畅销书作家和演说家德博拉·塔内（Deborah Tannen）说：“双重束缚是指，你要同时达到两套要求，但遵守这套要求就会违反那套要求。好领导与好男人的要求是一致的，而好领导与好女人的要求是互斥的。好领导必须强硬，但好女人一定不能强硬。好女人必须自谦，但好领导一定不能自谦。”

双重束缚是终极困境。它基本上表明，女性可爱就会被视为没能力，女性能干就会被视为不可爱。可爱大有好处。研究发现，一群人竞聘一个职位，获选的往往不是最聪明的人，而是大家最喜欢的人。这一点在 2016 年总统大选共和党党内初选体现得再明显不过了：那次选举，语言、性别、社会规范、双重束缚，以及一切据我们了解影响总统大选神圣性的因素都前所未有地凑到了一起发挥作用。

这次竞选在荒唐与丑陋之间拉锯，唐纳德·特朗普

（Donald Trump）、马可·鲁比奥（Marco Rubio）、特德·克鲁斯（Ted Cruz）互相比较谁的老婆更火辣、谁的性器官更大——这个令人大跌眼镜的奇葩更衣室闲谈刷新了下限，连对政界而言也是刷新了下限。这次竞选中，唐纳德·特朗普公然称女性为“狗”、“猪”、“荡妇”，因福克斯新闻频道（Fox News）主播梅根·凯利（Megyn Kelly）的外表、技能、性别而毫不留情地贬损她。他也攻击女性政治对手。“看看那张脸——有人会投票吗？”特朗普在共和党早期一次初步辩论中说，嘲笑当时同在台上的“大老党”（美国共和党别称）总统候选人卡莉·菲奥里娜（Carly Fiorina）。在几个月后的一次竞选演讲中，他当着7500名支持者的面用意指男性性器官的词语“schlonged”形容希拉里·克林顿（Hillary Clinton）在2008年民主党初选中输给巴拉克·奥巴马（Barack Obama）。

特朗普的臭嘴不仅侮辱了女性，而且得罪了穆斯林、拉美裔、非裔美国人。除了支持特朗普的工人阶级白人之外，没人幸免。有人说特朗普是精神错乱、蛊惑民心的法西斯主义者，但是，尽管媒体一再因他的仇女厌女言论谴责他，却并没什么用。有他作为对比，原来的“特氟龙总统（Teflon president）”罗纳德·里根（Ronald Reagan）（媒体这么称呼里根，意指他与批评绝缘）就是个圣人。

讽刺（但不足为奇）的是，尽管特朗普装腔作势、蛊惑民心、收买选民，但是人们反而认为希拉里·克林顿太假、太尖锐、太不靠谱。人们——连女人也——说不喜欢她。

哈佛商学院（Harvard Business School）无疑会对 2016 年选举做案例研究。写这部分内容的时候，我曾想象它会开一门课专门研究特朗普为什么有吸引力。这门课不仅会分析特朗普如何利用国内正在发酵的或微妙或不那么微妙的种族主义和愤怒情绪，而且会反思他是多么擅长玩弄、迎合公众。可以说，除了唐纳德之外，没人在发表蛊惑民心的言论之后还能侥幸成功。但是，想象一下，如果特朗普是个女人，没有臭嘴，只有夸口、傲慢呢？这种性格的女人——哪怕只是沾个边也——不会成功。一点成功的可能性都没有。

改不了的，就大方承认吧

没人比希拉里·克林顿能更好地诠释女性面临的双重束缚。她是许多人的精神领袖。穿戴颇有品位（珍珠项链、长裤套装、中跟女鞋）的希拉里，是“做了被骂死，不做注定死”困境的代言人。在作为公众人物的二十五年多期间，希拉里一直承受着有关女性领导人该做什么、不该做什么的双重标准和性别刻板印象带来的不公平待遇。1993 年，作为“第一夫人”，她受到严厉指责，因为她承接了国民医疗服务改革工作——这是一项很大的改革，但典型“第一夫人”职位说明书没有这项内容。她尝试从典型“第一夫人”角色转型，承担更多职责，但这次尝试成了整个克林顿政府期间的一次巨大失败。美国人没有准备好看希拉里·克林顿或任何“第一夫人”主持任何改革。他们没有聘用她做这件事——实际上，他们根本没有聘用她。选民介意的不是希拉里是否有能力做这件事，而是介意她做了不该她做的事。

转型夫人

几年后，希拉里迎来对她具有决定意义的时刻：1995 年，联合国世界妇女大会（United Nations' World Conference on Women）在北京举行，她在会上谈到妇女权利问题。少有“第一夫人”说出这么有力的话：“如果此次大会能够传递一个讯息，请让它永远是‘人权就是妇女权利，妇女权利就是人权’”。现在她有一个自己的平台——上面的资料都是真实的，记录了她在阿肯色州（Arkansas）的日子和她为妇女权利奋斗的经历。五年后，希拉里在纽约州竞选并当选参议员，成为第一位获得公职的“第一夫人”。连希拉里的顾问也没想到，在丈夫第二任期结束后，她会去参加竞选，杀回国会大厦（Capitol）权力中心。毕竟，那里有一大批议员过去八年一直在攻击她和克林顿总统。作为纽约州第一位女性参议员，她创造了各种各样的历史——做了政客妻子二十四年后，她凭自己能力自己做了政客。八年来，她积极颁布有利民生的法律，积累了一定的威望。

2008 年，希拉里再次转型，竞选总统，但以失败告终。在民主党总统候选人党内提名战中，她败给了巴拉克・奥巴马，但最终留下了亮眼成绩——1800 万条“裂缝”，就像她在退选演说所说的那样：“虽然这次我们未能将那块最高最硬的玻璃天花板击碎，但是因为你们，这天花板已经添了 1800 万条裂缝，而阳光从未如今天一样倾洒而下，使我们每个人充满希望，而且确信下一次的征途要平坦很多。”

希尔兹——社交媒体红人

在下份工作中，即 2009—2013 年在奥巴马总统内阁担任国务卿期间，希拉里竟然成了社交媒体红人。随着她到世界各地访问，她在社交媒体奇客时尚界积累了很多人气，甚至在被拍到在飞往利比亚（Libya）的 C-17 军用运输机上戴着墨镜玩黑莓的照片后制造出一个米姆（meme）[①] ——署名也换成了更为俏皮的希尔兹（Hillz）。两个年轻人以这张照片为原型，结合其他政治人物或明星玩手机的照片，配上搞笑的设计对白，组合成希拉里酷酷地与从演员瑞恩·高斯林（Ryan Gosling）到脸书创始人兼首席执行官马克·扎克伯格（Mark Zuckerberg）在内的各位名人发短信的场景，并以《希拉里发短信》（*Texts from Hillary Clinton*）为题发到 Tumblr[②]。她是忙碌的国务卿，拖着羸弱的身体访问了 112 个国家，里程达到了 956000 英里。

快进到 2016 年竞选。希拉里，一个经验丰富的资深政客，受过的伤、出过的差、经历的事无疑比现代历史上大多数政客都多，但她的竞选团队需要把她重新介绍给选民——作为友善、热情、可信的老奶奶。这是对希拉里的反讽：过了这么多年，选民们怎么还不了解真正的她？她的竞选团队最初想重新设计她的形象。他们知道这项工作并不容易，希拉里的形象在许多选民心中已经固定了——复杂、败坏、丑闻缠身、争议环

---

① 米姆，这一术语最早由查理·道金斯在 1976 年提出。他用这个术语来描述人与人之间通过复制和模仿来传播一个个微小的文化单位。譬如，江南 style 之后衍生的各种 style，凡客体之后的各种体，都是米姆现象。

② 目前全球最大的轻博客网站。

绕几十年。所以，她的竞选团队做了大量工作，企图推出一个全新的希拉里，展现她真正的人格魅力。但是，选民们并不买账，始终觉得她不可爱、不可信、不真实、不亲民。破坏希拉里候选人形象的东西，微妙但普遍。

于是，她的竞选团队决定改变策略。改不了的，就大方承认吧。在初选期间，我们看到希拉里终于以幽默的方式接受了公众对她的看法。这一次，希拉里说自己不是“天生的政客”。尽管两次成功当选美国参议员，还有两次竞选总统，但是希拉里大方地承认——显而易见，参加竞选她并不自在，而且，不像她的丈夫，她就是不太擅长竞选总统。于是，承认自己没有能力、与民众拉近距离成了一个事实上的竞选策略：恶搞自己的“不可爱”，从而让自己可爱一些。

吉米·凯莫对希拉里进行“直男癌说教”

一档深夜电视节目推出了一个更有人情味的希拉里。在《吉米·凯莫直播秀》（*Jimmy Kimmel Live*!）的一个小品里，吉米·凯莫对希拉里进行“直男癌说教（mansplain）”，问她当选需要做些什么，还自告奋勇帮她实现愿望。小品开场，吉米问希拉里知不知道 mansplain 的意思。

希拉里回答说：“是指男人以说教的方式对女性说话吗？”

“实际上是指男人以高傲的方式对女性说话，但是你的答案很接近了。”吉米纠正说。

他让希拉里当场做一次竞选巡回演说，以看看她的风格存在什么问题，给出改进建议。

“不要叫嚷，”希拉里正要开口说第一句话，吉米说，“你的声音太尖锐。”于是，希拉里把声音放得很低。“大点声音，我们听不清。你就像只老鼠在那吱吱叫；你知道什么是好，要微笑。露出一些牙齿！天哪，还绷着脸！试着开心一点，这就像你的梦想——假装你正享受其中！”

希拉里接受建议微笑了，但是吉米还是斥责她：“不要这样笑，太勉强了，像假笑。开心点。注意你的脸。你得问问自己：是要做总统还是湖人啦啦队队员（Lakers girl）？”

小品是在以滑稽的方式展示希拉里正在承受的那些双重约束和吹毛求疵——这些是大家有目共睹的。吉米给希拉里提的建议，是相互冲突的。她应该果敢，但不要太果敢。开心，但不要太开心，否则有可能看起来不真诚。

最后，希拉里生气地说：“好像我怎么做都不对。”吉米表示同意：“是的，你是没做对。是不对劲……但到底哪儿不对劲呢。是因为你不是……”

“男人。”希拉里回答。

“对！就是那样！你不是男人，但是你那样做真的很可爱。”吉米说。

这个小品展现的是希拉里在初选中面临的情形。她的民主党主要对手伯尼·桑德斯（Bernie Sanders）是佛蒙特州（Vermont）社会主义倾向参议员，颇受公众欢迎，很少被人挑剔。讲台上的他，衣服皱巴巴、头发凌乱、一激动就乱伸手指，但是没有人对这些大惊小怪。他的不修边幅和“我喜欢实话实说”很能引人共鸣，特别是引起年轻人共鸣。尽管桑德斯经常做不着边际的政策承诺，但是没人批评他怒气冲冲、乱伸手指的演讲方式。对比之下，希拉里不断遭到批评——不是因为她演讲的内容，而是因为她演讲的语气。

打破双重束缚

作家和加利福尼亚大学伯克利分校（University of California，Berkeley）语言学荣誉退休教授罗宾·拉科夫（Robin Lakoff）说，我们被训练得喜欢那种有大哥气势的政客。夸夸其谈、信心满满、指点江山的风格，一看就是老大。这种形象很能打动人。

“他越强硬，我们就越喜欢他、越信赖他。我们说他‘真性情’，无论他是不是‘真性情’，也不管这个词到底什么意思，因为我们说的‘真性情’，意思是‘符合预期刻板印象’。”拉科夫写道。

希拉里无法与之竞争。她的风格偏理性而非感性。希拉里乃至任何女人都不会做拍胸脯打包票的事情。美国人需要做些什么来纠正我们对女性领导人的天生偏见，完全打破对女性领导人施加的这个双重束缚？对于这个问题，拉科夫有一个非常大胆的想法——实施这个想法，就是进行一场革命。她说，我们要反思我们听女性发言的方式和评价女性的框架，还要修改我们的“更好”甚至“正常”标准。

拉科夫将这点与第九条①实施前人们对女性职业运动员的刻板印象进行了比较。女运动员经常因为“像女的一样打比赛”而被解雇。她们没有男运动员那样的力量和能力把比赛打得像男运动员一样精彩。她们的比赛常常被认为不值得观看，也不值得资助。许多人会说这一偏见即使在第九条实施后也仍然持续了几十年，但它正在转变。美国网球名将塞雷娜·威廉姆斯（Serena Williams）、美国女子柔道运动员龙达·鲁西（Ronda Rousey）向我们表明，女子比赛值得观看、非常赚钱。我们看女子比赛的心态与看男子比赛的心态可能还

---

① Title IX，教育法修正案第九条，关于教育要性别平等的条文。

是稍微有点不同，那没关系。不同还是不错的，拉科夫说。同样，她认为，我们需要修改女性领导人评价框架，我们需要学习换个方式听女性发言。

“问题不在希拉里的风格，也不在她做或不做的事情。问题在我们，她的听众。我们不知道如何听女性公开发言或私下讲话，特别是公开发言，最特别是竞选高位要职时的公开发言。我们，她的听众，需要改变我们的风格——我们的倾听风格和我们的期望习惯。任重道远，但是我们必须为国家做这件事情。”拉科夫写道。

许多女性了解双重束缚。你不需要成为希拉里·克林顿那样的全国知名人物才发现自己处在显微镜下，处在相似的不自在境地。在人们的期望中，女性领导人既能干又可爱才算“合适”。没人期望男人可爱，男人不够可爱不会受到责备。

在我工作过的那家科技创业公司，我觉得有人在挑剔我的性格。我一直都是果敢的，但那里有人说我生硬粗暴。有人建议我温和一些、低调一些。多年来，我在工作中打电话、接电话，先是作为 NBC 导播，然后作为制作人，说服人们把人生故事讲给我听。我还是发言人，知道如何进行有效沟通。或者，至少我以为我知道。我忍不住想，要是我是男的，我发表意见的方式就不会被人如此挑剔，我就不会得罪这么多人。是不是果真如此，当然是没法知道的。也许他们就是真的不喜欢我，与我的性别没有一点关系。但研究表明，别人对我的看法，还受许多与我无关的因素的影响。

基兰·斯奈德（Kieran Snyder）在《财富》（*Fortune*）中写道，在科技公司，女性比男性更容易在性格方面得到负面评价。斯奈德研究了二十八家公司的员工评价，证实了这一点。“女性做领导，容易得到专断蛮横、生硬粗暴、严厉、嚣张之类评价；女性提异议，容易得到情绪化、不理性之类评价。”

但是，不仅科技公司是这样，好莱坞也是这样。

别再费心讨人喜欢

2015 年 10 月，得过奥斯卡奖的女演员詹妮弗·劳伦斯（Jennifer Lawrence）在同行女演员/导演莉娜·邓纳姆的女权主义新闻通讯 *Lenny Letter* 上写了一篇招来纷纷议论的文章，不仅讨论了好莱坞巨大的男女薪酬差异，而且谈到了她害怕有话直说、不受欢迎。她写道，女人，被训练得文静、乖巧。

在《为什么我的报酬比他们少?》（*Why Do I Make Less than My Male Co-Stars?*）一文中，詹妮弗·劳伦斯写到了她与一同出演《美国骗局》（*American Hustle*）的男性联合主演之间的薪酬差距。“索尼影业（Sony）受到黑客攻击后，我发现，与幸运的男同事们相比，我的片酬低了很多，但我并没生索尼的气。我只是生自己的气。作为谈判者，我很失败，因为我过早放弃了为自己争取权益。我不想为几百万美元争个不停，毕竟平心而论，我并不需要这些钱，因为我有两部系列作品。”她解释说。

像许多女人一样，劳伦斯之所以不有话直说是因为她想要被人喜欢。

“倘若我不承认，争都没争就签约了，其实也是为了讨人喜欢，那便是在说谎了。我不想显得‘不易相处’或‘被宠坏了’，”她承认，“这些性格特征是我多年以来一直竭力避免的。而且根据统计数据，我认为我并不是唯一有这种烦恼的女性。我们在社会化过程中训练出了这种行为方式吗？……尽量以不‘得罪’或‘吓到’男人的方式发表意见真的是改不了的习惯吗？”

“我不再尽量以‘讨人喜欢’的方式发表意见，我还是很受欢迎！”她总结说，“我曾经的男老板或男上司当中，找不出有谁会花时间斟酌该以什么语气发表意见的。他们说什么别人都会听进去。”

“再次声明，这或许与我是个女的毫无关系。但是，毕竟在另一份遭到泄露的索尼邮件中，的确有位制作人称一名女主演为‘被宠坏的小毛孩’。”

“小毛孩”“恶女”等称呼

女人不想被看成小毛孩或恶女。但是，害怕有话直说，可能就根本不会有话直说。离开那家科技创业公司后，我开始非常注意我的用词。我决定收起我的果敢。我开始束手束脚。我观察别的女人——那些不嚣张的女人——努力模仿她们的语气。我不想被人视为气焰嚣张或专断蛮横，所以几年来，我开始说“抱歉”。说了很多。真的很有用。然后，像乔·弗莱特里一样，我不再说了。

在职业生涯中，为了改行找工作或为了在现有工作上发展得更好，我们会寻求建议或指导。我们可能会拓展人脉、做陌生电访、给希望能帮到我们的人写电子邮件。但是，在做这些事情的时候，我们不能犯以下错误：用一些不恰当的词语打击我们的信心、削弱我们的力量、破坏我们的个人品牌。正如2016年4月碧昂丝接受*ELLE*杂志采访时说（那个采访有关她的事业和她推出的新服装品牌Ivy Park），“气势能成事，无须求允许”。而且，还可以补充一点，无须说抱歉。

第2章

摆好姿势，展示力量

"无力的最常见原因是认为自己无力。"

——爱丽丝·华克（ALICE WALKER）

碧昂丝昂首阔步走在舞台上，镶有珠宝的紧身衣闪闪发亮。她浑身散发着女王气质——这种气质如此明显，以至仅仅是看着她就能感觉到她的 fierce①。除了有声语言之外，肢体语言也能表明你有没有信心。"天后"碧昂丝连站着不动也引人注目——或许是站着不动更引人注目。她抬头挺胸，两手垂放在身侧，传达出她的信心、威信。碧昂丝自然而然地摆出了"霸气姿势"。研究发现，她这样站着可能也会自我感觉很棒。事实证明，姿势和仪态具有暗示效应。当你摆出霸气姿势，你

① 该词用于特定语境，含义丰富。参见第 9 页注释。

会觉得自己有力量，别人也会觉得你有力量。

哈佛商学院副教授社会心理学家艾米·卡迪（Amy Cuddy），在2012年发表有关霸气姿势和骗子综合征的TED Talk[①]后，成为网络红人。骗子综合征指觉得自己是“水货”，不相信自己是聪明的、能干的、有创造力的，即使自己取得了很大成就。卡迪的TED Talk是史上观看量第二高的TED Talk，达到了三千万次。卡迪的研究发现，摆出“大”姿势——像神奇女侠（Wonder Woman）那样，双脚分开站立，双手垂在身侧——可以提高睾酮水平，降低焦虑，暂时增强信心。你的肢体语言竟然会影响你的生理状态。

卡迪对仪态心理学的着迷，始自偶然看到了有关企业家向潜在投资人做推介的研究。最能预测谁能获得投资的因素，不是推介的内容，也不是企业家的资质，而是“坚定的信心、从容的气魄、饱满的激情”。这些发现令人震惊。这个研究是暗示大额投资的决定依据仅仅是个人魅力吗？

事实证明，热情和自信之类特质对谁能进入复试乃至最终得到录取至关重要。事实上，面试官普遍认为，没有表现出那些特质的候选人能力较差。仪态竟然有这么大的威力！

---

① https://www.ted.com/talks/amy_ cuddy_ your_ body_ language_ shapes_ who_ you_ are

看到这一点后，卡迪决定潜心研究仪态有何影响、如何培养良好仪态。正如她描述的那样，仪态并非永久的存在形式，而是时时都在改变。我们所有人都可以根据需要展现良好仪态。但是，首先，我们需要觉得自己有力量。“当我们觉得自己有力量，就会自动摆出有力量的姿势，实现‘表里如一’。”卡迪写道。

先假装，直到成为真的

卡迪的故事与她的研究一样吸引人。她在科罗拉多大学（University of Colorado）读大二时，遇到一场严重车祸，留下创伤性脑损伤。医生告诉她，她会有后遗症，可能很难读完大学。确实，她的智商下降了三十。不过，她拒绝接受那个命运。她与后遗症抗争，在复学、休学，又复学几次后，她毕业了，多花了四年时间。

卡迪继续去普林斯顿大学（Princeton University）读研究生。她说，她一直认为自己不属于那里——去那读研究生是个巨大的错误。卡迪不敢公开发言，遇到一个对同学演讲 20 分钟的必做题，都打算退学了。她的导师鼓励她说，她知道演讲内容，只需假装。换句话说，假装有信心展示你自己，直到你真的有信心。在亲身经历以及对学生观察所得的激发下，卡迪开始研究姿势和仪态，得到很多有价值的发现，在此基础上做了那个著名的 TED Talk，还出了一本书，即《仪态：让最勇敢的自己面对最大的挑战》(*Presence*：*Bringing your Boldest Self to Your Biggest Challenges*)。

“先假装，直到成为真的”并不是什么新办法，但卡迪那些姿势可影响信心进而影响发挥的发现把自我知觉理论带到一个新水平。如果我们想把自己视为有创造力的、聪明的、成功的，那么我们需要有相应的表现，包括摆出相应的姿势。卡迪的座右铭：先假装，直到成为真的。

“它不是说，假装会打网球，从未拿过网球拍的人就能成为世界上最好的网球选手。它是说，摆出‘大’姿势，哄骗自己进入一种自觉强大的状态，进而展露自己的实力。我们越做这件事，这件事就越容易做到，我们就能成为越好的自己。”卡迪在接受 NPR 采访时说。

卡迪对姿势如何影响发挥这个课题的兴趣，始于她在哈佛大学对学生的观察。她观察到，男生提问时比较张扬，而女生提问时比较畏缩。她们让自己变“小”，摸脸、摸脖子，脚踝交叉。这些姿势显然表明她们缺乏信心，但是卡迪想知道这些姿势是否也会影响女生在课堂上的表现。“小”姿势是否会导致女生不够自信，进而在学校里参与少、表现差？

卡迪决定检验一个假设：摆出开放、扩张的姿势，让自己显得大一些，会影响激素水平。她在被试摆出这种姿势前后提取被试唾液样本。睾酮显著增加，而压力激素皮质醇显著减少。卡迪经过多项研究证实：“装大”两分钟，大脑睾酮增加、皮质醇减少，暂时提升信心、降低焦虑。她还发现，相反的姿势（即“小”姿势）具有相反的作用：导致皮质醇增多、睾酮减少。卡迪在《仪态》中写道，“大”姿势，可以实现最佳激素组合，让你进入最佳状态、发挥最好水平。它们调配出理想的鸡尾酒：低焦虑高果敢。

职场压力，从应聘面试、重要会议、引资推介到绩效评价，会让人进入原始的战/逃状态。这些压力情境会引发严重焦虑，使我们当中的一些人临时卡壳或表现不佳。但是，卡迪认为，“大”姿势可以哄骗我们的大脑以更有利的方式评估我们的处境，这样我们才能更好地度过那些紧张时刻。“我们调动我们的身体告诉我们的大脑，你没有面临威胁。你可以休息和消化[①]。”她说。

---

① 乙酰胆碱是控制人的副交感神经系统的，使人产生“休息和消化”反应，“心宽体胖”就是这个道理，因为心情舒畅放松，副交感神经占有主动，所以胃肠道消化功能增强，人会体重增加。——译者注

摆出霸气姿势：召唤出内在的神奇女侠

信心与生物学和遗传学有关。猿群中的老大，就是那个举起双臂发号施令的家伙。在人类世界，信心姿势是前面提到过的神奇女侠 style，即双脚分开站立，双手垂在身侧。然后是经典的大哥 style，双手交叠垫在脑后，双腿交叉搭在桌子上，表明这个地方我做主。想想坐在总统办公室（Oval Office）的奥巴马。另一“霸气姿势”是卡迪所说的“海星”姿势——双臂上举成 V 形，就像短跑运动员跨过终点线那样。有趣的是，研究人员发现，海星姿势是自豪和自信的通用标志，我们在自豪和自信状态下会本能地摆出海星姿势。连先天盲人赢得胜利时也会摆出这种姿势。

2015 年 6 月，七国集团首脑会议（G7 Summit）在巴伐利亚（Bavaria）召开。会议期间出现的一张德国总理安格拉·默克尔（Angela Merkel）与美国总统巴拉克·奥巴马的照片，疯传开来。照片上的默克尔，张开双臂，背后是白雪冠顶的山脉，前面是坐在长凳上的奥巴马。奥巴马双臂搭在长凳靠背上，双腿岔开。即使奥巴马想，也不会变得更大。照片用 Photoshop 恶搞了，使默克尔看起来像《音乐之声》（*The Sound of Music*）中以壮丽山脉为背景、张开双臂歌唱的朱莉·安德鲁斯（Julie Andrews）。照片在社交媒体上传开后，两个大国领导人的“大”姿势让我震惊。他们自然而然地摆出霸气姿势。七国集团首脑会议是世界上七个最发达的工业化国家的元首之间的会议，默克尔和奥巴马在这样的会议期间都摆出霸气姿势并不奇怪。对他们而言，这些姿势与呼吸一样自然。在形象就是一切的大背景下，他们的这些姿势可以说明很多东西。

观看了艾米的 TED Talk 后，我想在下次应聘面试之前尝试一下。自在国会山找到第一份工作以来，我应聘前都会做排练。面试（以及演讲）之前，我会进入洗手间，在镜子前面说些给自己加油的话，同时确保牙缝里没有食物残渣。但是，这一次，我决定还要召唤出神奇女侠。

几个星期后，我到纽约市一家知名公关公司应聘高级副总裁职位。我把 iPhone 计时器调成两分钟，站在洗手间隔间里面，摆出神奇女侠 style，默默地自言自语。首轮面试进展顺利，又通过四轮面试后（每次都准备好我的神奇女侠 style），我得到了这份工作。这个霸气姿势大大影响了我的面试能力？或许是吧。我在每次面试中都很注意自己的姿势。以前面试，我往往身体前倾，表现出热情和兴趣，这次面试，我还试着让自己在椅子中显得大一点，不是奥巴马那种双腿岔开的大，只是比我平时稍微大一些。谁知道那有没有影响我的表现或我的气场，但那让我感觉良好。

鹤立鸡群

海蒂·戴维斯（Heidi Davis）一走进房间，你就会注意到她。她身高近五英尺十英寸，但经常看起来有六英尺二英寸，因为她喜欢穿高跟鞋。身高很大程度上取决于遗传，很多人不在乎自己是不是人群当中最高的一个。但是，海蒂在乎。"不是最高的一个，我就不自在——我总是喜欢做最高的一个。"海蒂坦言。因此，她穿高跟鞋。

从许多意义上来说，海蒂的身高定义了海蒂。她的身高体现了她的精神，大胆、自信、雷厉风行、认准的事全力以赴。她在马萨诸塞州（Massachusetts）马布尔黑德（Marblehead）长大，有着一头自然卷，比其他女孩都高。她不是大众眼中的那种美人，人们说她"长得有趣"。"你没有我高，我没有你那样的金发碧眼。我长得跟大家不一样。要么接受，要么不接受。"

海蒂一直很高，但并非一直很自信。她是在伊萨卡学院（Ithaca College）开始变得自信的，因为她到了那里之后开始重塑自我。在伊萨卡学院，没有人知道，她高中时和父亲一起晚上打工打扫办公室，好让家人有一顿稍微像样一点的晚餐。没有人知道，由于她父亲的熟食店倒闭，她家破产了，搬到佛罗里达州（Florida），又搬回马萨诸塞州，这一切都在一年之内发生。没有人知道，她高中时从来没交过男朋友，她是家里第一个大学毕业生。在伊萨卡学院，海蒂可以完全重新开始。在伊萨卡学院，海蒂觉得她可以成为她想成为的任何人。

海蒂读大一的那年十月，她的父亲因心脏病突发去世，享年四十四岁。海蒂受到很大打击。她第一学期考试不及格，考虑过退学。但是，海蒂的字典里没有放弃，狠下决心改变现状。第二学期返校后，她果然有了很大改观，不再自卑自怜，而是站出来绽放，成为校园名人——她的拼劲与她的身高一样出名。海蒂也一直很忙，大学期间在当地女性内衣店 Isadora 打工。

“我经常想，我之所以这么拼是因为我不得不这么拼。我在小镇长大，一头土气卷发，没有任何头饰，站在一群时髦城市女孩中间就像一只丑小鸭。她们总有新潮玩意儿，让我羡慕不已。”海蒂说，“想要什么东西，我得自己争取。”

追逐梦想

大二学年第一天，海蒂遇到了赛斯·戴维斯（Seth

Davis)。赛斯聪明、风趣，有很多箱“感恩而死（Grateful Dead）”乐队盗版磁带。他身高只有五英尺六英寸，但是这点从未让海蒂烦恼。她与他一见钟情，坠入爱河，形影不离，最终结婚。就像约翰·休斯（John Hughes）的经典浪漫喜剧描述的一样，那个出身卑微但胆识过人的女孩收获了爱情，还要追逐梦想。她把行李装上卡车，来到纽约市，开启毕业后的人生。1991 年 12 月，圣诞节前一个星期，海蒂身穿运动型麂皮短裤和配套的纽扣式流苏夹克，来到纽约时装区（Garment District），敲开汉基帕基（Hanky Panky）女性内衣公司办公室的门。她向老板做自我介绍，说她是来自伊萨卡学院的海蒂，大学期间在女性内衣店 Isadora 工作过。他们立即聘请她做前台。在电梯里，海蒂跳了一段舞。她太兴奋了。在纽约市每年赚 16900 美元会过得很惨，但这是她的第一步。

在汉基帕基做了大约一年，海蒂跳槽到纽约时装区另一家公司，后来又在 Times Two 展厅找到工作，从此踏上成为第七大道（Seventh Avenue）时尚界常驻人物之路。海蒂的计划是在三十岁前拥有自己的事业。与赛斯结婚后，海蒂向公公借了 20000 美元，与一位朋友兼前同事一起创业。她们在西第三十九街（West Thirty-Ninth Street）转租了一个店面，开了展厅 Hotline Showroom。海蒂实现了梦想。三十岁时，她有了一家大公司，产品畅销国内外。不到一年，她就偿还了 20000 美元债务，开始与乔伊·达昂（Joe Dahan）合作。乔伊当时是个出道没多久但很受欢迎的时尚设计师，来自洛杉矶（Los Angeles），设计 T 恤衫和连衣裙，最终打造出时尚品牌 Joe's Jeans。

Hotline Showroom 一直由海蒂经营了十年，直到有一天乔伊宣布说要买下海蒂的股份，让海蒂离开。这是恶意收购！海蒂想谈一谈，乔伊不跟她谈，叫了律师。海蒂接受了律师开出的条件，答应离开。散伙速度非常快，事情不到几周就了结。海蒂跟员工告别，走出 Hotline Showroom。她觉得，离开了，算是解脱了。但是，她仍然非常伤心。"起初，我觉得就这样吧，不用操心曼哈顿（Manhattan）近万元每平方英尺的租约了，不用操心六位数的信用卡还款了，不用操心一百万美元的应发工资了。但是，现在，我要去哪儿？我要做什么？创业时我没孩子，现在我有了孩子，做的不是兼职助理。"海蒂告诉我，热泪盈眶。

展厅一直是她的梦想，是她的第一个"孩子"，是她一手带大的。海蒂曾经看过艾米·卡迪的著名 TED Talk，说她体验到了卡迪所说的迷失自我——卡迪遭遇严重车祸留下创伤性脑损伤后的体验。"艾米·卡迪说，她的智商降低了，而智商就是她的身份。她是个聪明的女孩。”海蒂说，“我创造过时尚，我创造过潮流，我创造了设计师牛仔。那些东西定义了我。”

海蒂不想退出时尚界，于是推出自己的 T 恤系列“Wash + Fold”，并让它成功入驻布鲁明戴尔百货店（Bloomingdales）。即使如此，一年后，她不做了。它发展得还不够快。

先缓缓，再重启

海蒂不知道下一步要做什么，认为自己也许应该休息一下。这是很好的时机，因为她最小的孩子需要她多多地照顾。她加入全职妈妈行列，与她们聊八卦。她还加入网球队，开始打网球。她还频繁参加孩子们学校里的活动，尽管她并不喜欢。最终，她离开了网球队，因为那里竞争超级激烈，还要成天遵守各种规矩。不过，在网球队期间，她是非常投入的。她说，那段日子，她好像上瘾了。“报名，加入球队，跟着到处跑，上网球课，买网球服，还专门买个衣柜装网球服。生活围着网球转，”海蒂说，“但是，女人不能仅靠爱好活着，还是要有自己的事业。”

海蒂开始盘算着做房地产经纪人。她懂时尚，会推销。海蒂看到，这些技巧完全可以迁移到房地产业。房地产行业入行门槛相对较低，可以很快获得房地产从业资格证。海蒂开始学习，几个月后考到了从业资格证，找到了房地产经纪人工作。

海蒂从卖衣服转向卖房子。赛斯，总是她最大的粉丝，说她在房地产行业也会大放异彩。他是对的。2015 年，新泽西州房地产经纪人平均每人卖出两栋房子，而海蒂卖出十一栋。

推销自己

“欢迎来到我的办公室。”当我钻入海蒂的 SUV 坐到前排座位，她对我说。那天她要去走访市场，我陪她一道。第一站是新泽西州梅普尔伍德一个中产阶级片区一栋 40 万美元的房子，刚刚快速转手过。房主是个海地承包商，当时正在屋外走来走去。海蒂跳下车，与之细谈。他很急，想要快点卖掉房子。海蒂配合他的节奏，不说一句废话，拿了他的名片。以批发价快速买下房子整理后卖出，是海蒂正在考虑的一项业务。是的，她告诉那个家伙，她认为他的房子会很快卖掉。我不知道海蒂是否真的这样认为，但是她说得如此胸有成竹以至没有人会怀疑她。

之后，我们离开，去往新泽西州肖特山（Short Hills）一栋 390 万美元的房子。看房子时，必须穿鞋套。“看看这些丑丑的一次性鞋套，它们就要与一栋近 400 万美元的房子亲密接触了，”海蒂满脸不可思议地说，“要是我，我会去宜家(Ikea)买拖鞋，给来看房的人穿。”

细节决定成败。海蒂绝不会让顾客穿容易穿上脱下的蓝色一次性鞋套，太掉价。她的办公室摆了斐济水和自制鳄梨酱。她帮房主用合适的家具、鲜花、绿植布置房子。她会移开陶瓷瓶或陶瓷碗来突出柜台。她会买下合适的枕头来装点沙发。她会放音乐、开门。就是通过这些点点滴滴，海蒂把时尚创意与商务技巧融合到一起。海蒂的职业转型表明，即使转行了，过去的经验也可给新找的工作添色。作为优秀的销售员，海蒂的顽强毅力也许正是她的好运源头。

对于房地产经纪人来说，与建筑商打好关系至关重要。海蒂瞄上了一个建筑商，以及他在肖特山的一栋古色古香的房子。几乎一年了，每天早晨五点半，起床去骑自行车的时候，她都给那个建筑商打电话、发短信，只是想看看他什么时候准备出售。他终于回电话了。见面后，她说服他答应把400万美元的房子放在她那儿挂牌出售——这对一个菜鸟房地产经纪人来说是相当了不起的成就，但她自己并不意外——她以前的销售经验完美地应用在她现在的房地产销售工作中。海蒂有个大计划，即用老派经纪人想不到的方式来利用博客、播客和社交媒体开展业务。“我不是房地产经纪人，我是销售员。”海蒂说，“这份工作可以发挥我在销售和创意方面的长处。”

海蒂会自然而然地摆出“大”姿势，有着一般女人所没有的那种超级自信。我花了一天时间看她与房主互动，又花了一天时间看她与潜在买家和其他经纪人互动，发现她什么都能卖出去。她显得如此有信心，以至她让我买哪栋房子我就愿买哪栋房子（只是买不起）。我问海蒂，她在第七大道做得那么成功，在房地产行业也做得那么成功，跟她的姿势、仪态有什么关系。其实，她从没想过这个问题。“打网球，我只有全神贯注才能做好正手击球动作，因为那对我来说是不自然的。但是，信心对我来说是自然的。高高地站着，对我来说是自然的。我能让拒绝我的人转变态度，这对我来说很容易。”海蒂说，“在我现在的工作中，我可以看到一个地方的积极面——不是因为我过去一年半是房地产经纪人，而是因为我自二十一岁以来一直是专业销售员。当与我共事的房地产经纪人还在学习销售技巧对话脚本时——就像我在美国网球公开赛（US Open）做的一样——我拿下了单子。这对我来说很简单。”

原来，海蒂与碧昂丝之间的联系可能不只是姿势。真命天女组合（Destiny's Child）的首张专辑封面，碧昂丝与另外四名女子穿着 Follies 设计的黑色连衣裙，而 Follies 正是海蒂发现且代理过的设计公司。碧昂丝用歌声说话，而且（常常就是）因歌声而有话语权。同样地，海蒂从来就是怎么想就怎么说。“我总想别人听取我的意见，”海蒂说，“我总有意见要提，我经常认为我有更好的办法。我就是这么有信心。”

信心的遗传成分

我们当中许多人可能认为，信心是一种心态——“做得到”的乐观心态。有些人像海蒂那样信心十足，有些人则不然。我们还可能怀疑，男人普遍好像更有信心。信心好像是个很难捉摸的特质。由于对这一特质非常好奇，而且由于很想知道这一特质的性别差异，记者凯蒂·凯（Katty Kay）和克莱尔·希普曼（Claire Shipman）在畅销书《信心密码：自信的科学和艺术——女人应该知道的》（*Confidence Code*：*The Science and Art of Self-Assurance—What Women Should Know*）探讨了女性的信心。她们的研究令人震惊，也令人不安。她们发现，我们似乎天生要么有信心，要么没信心。这一特质，像蓝眼睛一样，是我们与生俱来的——写入了我们的遗传密码。凯和希普曼发现，基因与信心之间的相关可能高达 50%，并且可能比基因与 IQ 之间的相关更强。通过研究，她们还发现了一些证据来支持艾米·卡迪先前的观察所得——“成功与信心的相关强于成功与能力的相关。”事实证明，对成功而言，信心比能力更重要。

凯和希普曼在那本书提到了英国（Britain）国王学院（King's College）行为遗传学家罗伯特·派洛明（Robert Plomin）。派洛明以双胞胎为研究对象，考察了从智力到疾病的一切。最近，他测量了七岁和九岁双胞胎的信心。派洛明让孩子们接受标准智商测验，以及数学、科学和写作测验，问孩子们对自己各门学科的能力有多大信心。派洛明发现，孩子们的能力自评结果比智商测评结果能更好地预测成绩。派洛明还将异卵双胞胎与同卵双胞胎分开统计，发现同卵双胞胎的得分相关更大。这些发现表明，信心与遗传的关系是多么密切。

加利福尼亚大学伯克利分校商学院心理学家卡梅伦·安德森（Cameron Anderson）也研究了信心。2009 年，他以自己的学生为被试，让他们接受测验，还让同组学生进行互评，以此探索信心与能力的相对重要性。信心是否会影响人们在社交圈的排名？安德森得出结论说，信心确实比能力重要。“当人们有信心，当人们认为自己擅长某事，无论实际上是否擅长，就会表现出很多非言语和言语行为。”安德森解释说。他说，有信心的人有很多让别人认为他们非常擅长某事的表现，从肢体语言，到低沉语调，到从容神态。“实际擅长与否，好像无关紧要。”显然，所有这些超有信心的表现不会让别人反感。事实上，安德森发现，一群人里最有信心的人“最受欢迎”、最受钦佩。这里的关键在于，那些超有信心的人并不是假装的——它不是简单的虚张声势或夸夸其谈——他们真的相信自己那么擅长某事。真的有信心，就会赢得尊重。

这个发现可能令人沮丧、令人不安，但可悲的是，它告诉我们的东西，许多女性在职场已经知道了。为什么一些好像并不是特别聪明或特别能干的人总是得到提拔或总是得到更好的项目或工作？我有这方面的亲身经历——非常纳闷为什么不选我而选一个男同事。他只是更会“向上管理”？他下班后和老板一起出去喝酒了吗？他上面有人吗？还是，他之所以显得更能干不过是因为他看起来更有信心？

性别差异确实存在

近年来，越来越多研究指出，信心真的存在性别差异。研究发现，男性高估自己的能力和表现，而女性低估自己的能力和表现。即使女性表现得与男性同样好（甚至更好）也是这样。是的，男性可能也有不安感，也会怀疑自己，但是，有趣的是，这些感受并不像阻止女性进步那样频繁地阻止男性进步。工资谈判中的性别差异也有据可查。研究发现，商学院学生当中，男性要求加薪的频次比女性高四倍，幅度比女性高 20%—30%。

凯和希普曼深入挖掘阻碍女性进步的因素。女性大脑构造不同于男性大脑构造，因此影响信心？女性大脑与男性大脑真的有所不同吗？历史上，很多人持有这一理念，同时误以为女性思维劣于男性思维。现在，我们可以用脑成像技术回答这个问题了。脑成像研究发现，男女确实有着不同的信息处理方式。女性脑细胞大多位于额叶皮层（推理中枢）和边缘皮层（情绪总部），而男性脑细胞在整个大脑分布得更均匀。科学家们还知道，女性大脑几乎所有区域都比男性更活跃，特别是那些负责同情心、直觉、合作，甚至担心的区域。但是，女性在情绪方面的所有这些优势附带着一个劣势，即：我们当断不断，我们反复考虑，我们痴迷不悟，我们妄下结论。

“我们想得太多，还老往不好的方面去想。”凯和希普曼写道，“我们更敏锐，还把所觉察到的一切都考虑进去，于是有太多顾虑。反复考虑耗尽了我们的信心。”想太多，耗神啊。我们也许认为我们是在解决问题，但我们没有行动，尽在那儿胡思乱想。这就形成一个恶性循环：没有信心，就不会表现得能干，进而失去行动能力。

重构情境，不再多想

研究表明，我们是有办法不再多想的。这个办法就是，首先意识到那些耗神的想法，然后予以解释——甚至不必是合理的解释。例如，我们当中许多人觉得，如果打电话或写电子邮件给某人没有很快得到回复，那么也许是那人不喜欢我们或对我们的工作不满意。或者也许是，我们莫名其妙地得罪了那人，或者更糟，那人想炒掉我们。但是，为我们没有得到回复想出一个哪怕是荒谬的解释，比如，那人伤了手，不能打字，就能重构情境，让我们不再多想。正如希普曼所说："用这个办法，你就可以不钻牛角尖，你就可以抽身出来观察你的想法，你就更容易说'我不纠结了，该干嘛干嘛去，过两天再写封电子邮件看看'。"

希普曼说，男人就是不像女人那样容易胡思乱想。打电话或写电子邮件没有得到回复，他们更容易从外界找原因，而不是把原因归结于自己。事实上，男性更擅长应对涉及自身个性、技能、能力的情境。很多研究考察了学习能力自我评价方面的性别差异，其中一个著名研究是斯坦福（Stanford）心理学教授卡罗尔·德韦克（Carol Dweck）博士做的。德韦克博士发现，数学测验成绩不好，中学男生一般归咎于测验太难，而中学女生一般归咎于自己数学能力太差。男生从外部找原因，而女生从内部找原因。之后，又有研究考察了年纪更大的学生甚至成人，得到了类似的结论。女性倾向于失败了归咎于自己，男性倾向于失败了归咎于环境。

重塑大脑，提升信心

信心可能部分取决于遗传，但好在也具有很强的可塑性。我们可以像锻炼肌肉那样锻炼信心，或者用艾米·卡迪的“霸气姿势”把信心诱导出来。我们可以试着抬头挺胸两分钟，感觉一下信心的变化。我们还可以重塑我们的大脑，即使我们已经长大成人。科学表明，当我们戒掉那些阻碍我们进步的思维习惯，改变我们的思维方式，我们的大脑构造也会出现变化。“信心如果先天不足，是可以后天培养的。培养信心的方式，就是采取行动。”希普曼说。

想要提升信心，就要敢于冒险。这点没有具体公式，因为我们每个人对风险的定义是不同的。有些人可能认为公开发言是有风险的，有些人可能觉得谈工资或找工作是有风险的（因为觉得自己条件不够或没有相关经验），有些人可能觉得出来单干是有风险的。但是，打造信心的根本之道在于挑战自己，做任何对你而言可能有风险的事情。“关键是，意识到脑子里面的自言自语，及时纠正那些负面的。”希普曼说，“我够得着吗？我能试试吗？为什么我不直接行动，然后进步？”

重塑大脑，改变思维方式，进而提升信心的技术还有，认知行为治疗和冥想。研究发现，这两项技术都有着惊人的冷静头脑、激发信心的效果。冥想之时，你大脑的恐惧中心杏仁核会收缩，你就可以清晰地思考，这对实现目标显然非常重要。

怀疑时，就行动——即使害怕

怕犯错，于是不行动，于是没信心。研究发现，打消自我怀疑的最有效方法是采取行动。“没有什么比采取行动更能打造信心，特别是在行动涉及风险和失败的时候。”凯和希普曼写道。小步小步（哪怕是婴儿那样的小步）行动，对打造信心至关重要。信心会招来更多信心，就像滚雪球一样；你打造出的信心越多，你就越有力量行动。“信心激发行动，行动带来信心。”希普曼说，“这是一个良性循环。”

但这可能说来容易做来难。冒险一跃总是需要一些动力的，这个动力可能因人而异。有人建议“怕也做”——承认，是的，我害怕，但无论如何也要做。你承认你的恐惧，正视你的感受。“怕也做”的另一面就是卡迪所说的“先假装，直到成为真的”。希普曼说，你应该竭尽所能跨过第一道坎。“在某些方面，我们所说的办法是一样的。”她说，“有时我们需要一根拐杖，以便迈出第一步，打造能力，采取更多行动。”行动就是一切。

不要担心不完美

“快速失败”是科技界经常听到的一句口头禅。科技界将其奉为终极商业模式，对于那些失败的创始人来说——至少对于穿连帽衫的家伙来说——这是开创美好未来的本钱，是成功之前必须经历的修炼。快速失败是指，推出一堆原型或想法，看看哪个行得通，忽略其他的。可以料到，首次推出的不管什么东西都不会是完美的，也不需要完美——没有时间做到完美。

追求完美是女性不能进步的常见原因之一。“我认为，太多年轻女性之所以止步不前就是因为具有这个‘完美主义基因’，她们真的应该换个目标，追求‘够好’。”希拉里·克林顿告诉《魅力》（*Glamour*）杂志，“你不必完美。大多数男性从未想过这点。他们专注于思考机会在哪里、如何抓住机会”。

一份常被引用的惠普（Hewlett-Packard）内部报告表明了信心对职场女性的重要性。它发现，女性认为 100% 满足所列标准才可申请空缺职位，而男性认为达到 60% 的要求就可以申请。脸书首席运营官谢里尔·桑德伯格（Sheryl Sandberg）在《向前一步》（*Lean In*）写道，女性需要转变思想，从“我还没准备好”变成“我想做，我可以边学边做”。

任何一类职业转型，关键都是采取行动——有信心和勇气尝试新事物。所有这一切都可以解释海蒂·戴维斯那种人的成功。海蒂可能中了信心基因大奖，她的信心可能像她的卷发一样写入了她的DNA。也许因为海蒂倾向于自然而然地摆出神奇女侠那样的站姿，她的体内比我们其他人更频繁地涌出睾酮素，显得更有信心。但是海蒂也受益于信心的副产品。她相信并预测自己可以成功，我们现在知道，这种相信和预测可以帮助她成功。即使是很大的转型，从卖T恤到卖400万美元房产，海蒂也并没有反复考虑她不懂的东西，她依靠自己的优势和技能，全力以赴。

“我一直认为，我必须自己努力争取。”海蒂说，“我从不认为我不属于这里。相反，我认为，是的，我属于这里！当我在时装区开启我的职业生涯时，我就是那么认为的。想要的，自己挣；我做到了，努力有了回报。”

第 3 章

筹划奇遇

“很难看清。一直行动就是未来。”

——尤达（YODA）

在我认识迈克尔·萨洛特（Michael Salort）近二十年的时间里，他在工作方面一直是那种幸运的家伙。我说的不是新股申购中签那种运气，而是他不断遇到神奇的事情。他的事业总是大放异彩，我也跟着沾了光——他聘请了我三次。

喜欢棒球帽和 T 恤衫，仍然有着男孩外表，留着电视新闻记者干练发型的迈克尔，在职业生涯中转型多次，多得连他自己都记不清了。他有着令人羡慕的人脉，重逢的故友好像总能给他带来新的机会。自从近二十年前在 FOX 小报假新闻秀《新时事》（*A New Current Affair*）作为副制作人与迈克尔首次共事以来，我一直把迈克尔视作奇遇之王。

还在纽约宾汉姆顿（Binghamton）读大学时，迈克尔就开启了他的职业生涯，在地方电视台做记者。他在地方电视台做过各种工作，直到在 CNBC 找到一份更好的现场直播工作。后来，他又在 FOX 找到一份更好的现场直播工作。再后来，他跳槽到 ABC，在《20/20》节目搞制作。那些工作都符合新闻工作者的一般发展轨迹。但是，随后，在 2000 年，迈克尔转向科技界，跳槽到了甲骨文（Oracle）首席执行官拉里·埃里森（Larry Ellison）的创业公司新互联网计算机公司（New Internet Computer Company，以下简称 NICC）。迈克尔是通过吉娜·史密斯（Gina Smith）找到这份工作的。吉娜最初是《ABC 新闻》（*ABC News*）的科技记者，后来去了 NICC。吉娜到了 NICC 后，聘请迈克尔去主持业务开发和媒体工作。迈克尔又聘请了我。

迈克尔有个业余爱好，写作。他在 NICC 工作期间，根据他在《20/20》期间的一个报道，写了一个剧本。他携剧本参加比赛，获奖了。由于这次获奖，他认识了好莱坞制作人，最终与他们建立良好关系。NICC 创办两年后就因内讧倒闭，但那时迈克尔已经转型成了一个懂业务开发、筹资、销售、科技创业的职业经理人。而我失业了，生了孩子。但就像丰富多彩的职业生涯故事的走向一样，迈克尔遇到了更加神奇的事情——超级名模兼电视台主持人泰拉·班克斯（Tyra Banks）的娱乐公司 Bankable Enterprises 聘请他去管理它的数字媒体部。

迈克尔为自己找到了一份完美工作。这份工作结合了他所喜欢的一切，从制作到科技应有尽有。对他而言，事情继续变得越来越有趣。公司号召大家为壮大公司献计献策，大家出了很多主意，从品牌糖果到艺人经纪不一而足。评估这些主意时，迈克尔在办公室发现一个名为“模特大陆（Modelland）”[①] 的文件夹——写给半熟男女的书，已初具雏形。与其他主意不同，这个主意深深吸引了迈克尔。事实上，他对这个主意如此着迷以至毛遂自荐为《模特大陆》写大纲。泰拉激动不已。这个主意多年前就有了，但一直没人推动。做好出版计划不到一个星期，这本书卖给了兰登书屋。迈克尔终于成为签约作者，写一本有关女孩、友谊的半熟男女玄幻小说（也就是写一群漂亮女孩在一所古怪学校做的一系列疯狂事情）。《模特大陆》2011 年出版，成为《纽约时报》畅销书。

迈克尔五年做了十几个项目，目前正在写一本虚构回忆录，从一个变性男人的妻子的角度讲述这个男人的故事。男人

① 后来成了一本图书。

的妻子已经预付迈克尔几十万美元。迈克尔是通过吉娜·史密斯认识男人的妻子的，吉娜·史密斯就是前面提到的那个最初在 ABC 做科技记者，后来去了 NICC，把迈克尔带去了 NICC 的人。又是她！她是迈克尔的贵人。迈克尔广结善缘，熟人一有相关机会头一个想到的就是他。那些人之所以想到他，是因为他做了一些事情确保自己不被遗忘。

迈克尔非常奇特的职业转型，令我这个朋友印象深刻、受到鼓舞，甚至嫉妒。我惊叹于他竟能那么顺利地转行，做自己喜欢做的事情，还拿那么高的工资。毫无疑问，迈克尔才华横溢、魅力四射、机敏睿智。他的个人生活也很圆满，结婚了，有个三岁孩子。那么，他是怎么做到的？里面有性别因素吗？还是有什么秘诀？

筹划奇遇

迈克尔确实是奇遇之王，但不是我一直以为的那种。迈克尔表面上的幸运其实有着深层次的必然。为了理解这点，我们需要仔细看看奇遇到底是什么。

奇遇在硅谷成了一种时尚。2013 年，西南偏南（South by Southwest，以下简称 SXSW）互动大会在奥斯汀（Austin）召开，3万名科技人、设计师、创作人、投资人、企业家聚到一起，讨论创业和创新的科技趋势和一流理念。几个专题小组侧重于奇遇和机缘的重要性。虽然我们大多数人认为奇遇是“幸运的意外”，但是这个词语的含义更加微妙，从其英文“serendipity”的词源可以看出。它来自一个波斯童话，说的是Serendip① 的三位王子“一路上因为意外和睿智发现了很多他们并没寻求但很珍贵的东西”。这个童话开始并不出名——1754年，英国贵族霍拉斯·沃波尔（Horace Walpole）在一封书信中讨论了这个童话，人们更常引用这封书信——现在突然成为硅谷传奇。

创业圈和创作圈特别钟情这个概念，因为他们了解到创新和发现的历史可以追溯到某些可预测的情境。《伟大创意的诞生：创新自然史》（*Where Good Ideas Come From: The Natural History of Innovation*）等畅销书的作者兼TED演讲者史蒂芬·约翰逊（Steven Johnson）发现，各项条件都凑齐了才会发生伟大的事情。约翰逊说，几乎从来没有哪个研究者、科学家、编剧、哲学家、艺术家或学者是真的灵光一闪突然有某个想法的。那种事情只会发生在小说里。但是，在现实世界，一个想法的诞生总是有着深刻的根源。约翰逊认为，科学家在实

① Serendip就是锡兰，是斯里兰卡的旧称。

验室突发灵感的画面不过是种臆想。事实证明，奇妙想法的产生，需要具备几个条件：思想碰撞（夹杂些许混乱）、良好时机、人际网络。科技界一直痴迷于打造凑齐这些条件的完美生态系统，以创造奇迹。每个人想要的不过是奇遇的炮制秘诀。

谷歌、Zappos 之类知名公司乃至一些不太有名的广告公司正在努力筹划奇遇。从建筑物的设计，到啤酒机的放置地点和供应时间，一切都设计得让那些看似偶然的创新成为可能。大量研究表明，当有着不同背景的人有机会凑到一起交流想法，最好的想法就会冒出来。那种交际不仅是种时尚，而且有助于盈利。

所有这一切都是有道理的。想法建立在想法之上。任何参加过有效头脑风暴会议的人都明白这点。可能会有很多不好的想法，但好的想法会被激发出来，也许是来自某人随口的一句话，也许是来自某人酝酿了很久的一个想法。好的想法与其他想法碰撞，最终撞出真正伟大的想法。

扩展边界，创造机会

几年前，谷歌为其工程师推出著名的“20%创新休息时间（Innovation Time Off）”计划。根据这个计划，谷歌工程师每为上头安排的项目工作四小时，就需为自己出于兴趣而选择的项目（“激情项目”）工作一小时。这个计划的目的是营造创新氛围，让工程师解放身心、酝酿想法。这个计划其实是在制造“相邻可能”——理论生物学家斯图尔特·考夫曼（Stuart Kauffman）提出的一个用来解释生物多样性等的概念。它说的是生物进化的必经路线，用考夫曼的话说就是“潜力尚未开发的可能性”。史蒂芬·约翰逊在《伟大创意的诞生：创新自然史》将这个概念加以引申，应用到社会学：“相邻可能是一种影子未来，悬停在当前状态的边缘，它是一张地图，包含当前如何改造自身的所有方式。”他写道。

约翰逊说，就像一栋房子，每打开一扇门就会神奇地扩展，即一个房间通往更多房间，而那些房间就是相邻可能。随着你探索下去，边界就会扩展。成功的工程师、科学家、企业家、学者、艺术家都在扩展边界，青霉素、报事贴、Gmail 等等之所以能够被发明出来是因为之前一直有人在扩展边界。

那么，我们如何能够在职业生涯制造“相邻可能”？我们如何扩展边界，把门打开，创造意想不到的机会？我们如何策划那些意外但积极的结果，炮制自己的奇遇？“诀窍在于想方设法探索周围可能性的边缘。”约翰逊说，“说通俗一点就是，做些改变工作环境、融入某个社交网络或保持一定信息搜索和存储习惯之类的简单事情。”

奇遇公式

奇遇也依赖社交网络。想法要是活在真空中，就很难成熟。想法需要借助多种力量，才能成为现实。社交关系网和工作关系网不仅可以推动想法成长，而且可以在心理上和工作上支持个人发展。“奇遇首先发生在你自己脑中，然后是在社交网络中。”即将问世的图书《筹划奇遇》（*Engineering Serendipity*）的作者格雷格·林赛（Greg Lindsay）说，“它其实是一种心态，即在心理上愿意把自己置于可能遇到惊喜或邂逅意外的情境。机会随时可能出现，但你必须做好心理准备在它出现时认出它，然后利用它。这是一个过程。”

迈克尔·萨洛特那样的人之所以发展得很好，原因就在此。他了解上述过程，会识别机会。他积极地把自己置于可能意外交上好运的情境。他不仅在科技界赶场，而且是娱乐界盛事的常客。他参加电影放映会和签名售书会，并确保留下参加后续活动。迈克尔阅历丰富、技能多元、会看场合，在心理上做好了准备迎接惊喜，无论这个惊喜是又一个工作机会还是又一个仅仅可能有利于其职业发展的人。

迈克尔甚至有自己的奇遇公式：$\frac{(a+c-f)\times L}{v}$ = 奇遇。在迈克尔的公式中，a 是“可用（availability）”，c 是“人脉（connection）”，f 是“恐惧（fear）”，L 是“地点（location）”，v 是“愿景（vision）”。他说，愿景应该只有一个，因为你得保持专注。如果你有不止一个愿景，精力就会分散。“关键是让自己有可用之处、拓展人脉、克服恐惧，”迈克尔说，“然后把这个乘以地点，如果你想在好莱坞工作，那么你不能住在内布拉斯加州（Nebraska）。”

保持开放心态，时刻做好准备

迈克尔同意，心态对于创造职场奇遇至关重要。首先，要乐于接受新想法、积极扩展边界，好为机会的出现创造条件、能在机会出现时识别机会。不要低估控场能力。“你需要在社交场合和工作场合游刃有余，魅力四射。”迈克尔说，“你必须尽可能展现魅力，即使不是十分自然。”

重要的是，想办法把你的工作与别人的才华嫁接起来，顺便秀秀你自己的才艺。参加娱乐界的活动，迈克尔可以与人聊他正在开发的一个剧本，然后紧接着说他正在为某个做视频流的科技创业公司筹集资金。他为在场的人牵线搭桥，总在思考他做的事情、他认识的人怎样可以让他的聊天对象获益几分。

他广泛选取话题，以便与所遇之人找到更多联系——起初可能并不那么明显的联系。

毫无疑问，这是一门艺术。但是，你可以学着去做，即使起初并不容易。它不仅有关控场，而且有关见什么人讲什么话、到什么山头唱什么歌。“乐于倾听别人的想法，看看能不能与你的核心技能或所在行业结合起来，”林赛暗示，“那么一旦你想出了绝妙的结合之道，最后一步就是知道怎样利用你的人脉把事情做大，想想谁能帮助你。在核心社交网络之外发掘人才然后予以培养，真的很重要。”

社交是一种战略性技能。不是每个人都喜欢社交。实际上，很多人讨厌社交。迈克尔遵守社交的礼尚往来原则：我给你挠背，你给我挠背。“你必须把参加活动或晚宴当作去易货交易市场，即使你嘴上没有这么说。这就像你拿鸡蛋换牛奶之类东西。”迈克尔说，“你需要首先展示你的鸡蛋，看看谁愿意拿东西来换；迅速展现你的价值，不要表现得特别急切。你得让人认为，你有很多货，要拿东西来换。”

社交奇遇

多年来，迈克尔总会邀请我和其他同事下班喝酒。我一般不去，家里有小孩，不想回到家时看到他们已经睡了。工作一整天后，这些下班后活动像是仍在工作，我实在提不起劲。但迈克尔总把这些活动看作每日必做功课——也许是他每天最重要的功课。正是在这些酒会和聚会上，他得以拓展人脉。

迈克尔社交的时候，实际上是在创建史蒂芬·约翰逊所说的“流体网络”。迈克尔在尽可能制造“相邻可能”——为自己打开可能通往各种地方的门。“社交奇遇，需要走出舒适区，涉足其他领域。”林赛说，“走出舒适区，参加这些奇怪的活动；同时，还要给自己留点时间。投入时间和精力，专心研究谁会现身这些活动。”

迈克尔还分出精力做各种项目，从纯创作项目到商业项目不一而足。他利用他的人脉，推进这些项目。他总能找到机会把一些想法付诸实践，即使不是当时，也会是若干年后的某一天。比如说，他的一个剧本，写出来后就搁置着。遇到一个制作人，他就会提提那个剧本。五年后，他终于遇到一个感兴趣的制作人，把那个剧本盘活了。

女性如何谋划奇遇

迈克尔的运气原来根本不是老天给的，而是他自己谋来的。他步步为营，精心谋划了自己的奇遇。事实证明，他的谋划之道，确实有用。但是，女人该怎样谋划自己的奇遇？特别是，家里有小孩的女人该怎样谋划自己的奇遇？我们的处境确实不一样吗？我认识的大多数妈妈，不仅没有在下班后选择去鸡尾酒会代替回家哄小孩睡觉，而且没有运作那么多创作项目。她们就是没有那个闲心——也没那个时间，也得不到支持——至少孩子还小的时候没有。

“我认为，在美国社会，女性普遍处境艰难，无法给自己留点时间探索、思考、玩耍，特别是那些被迫尽量提高效率、确保下班时所有任务已完成的上班族妈妈。”林赛说，“我认为女性普遍需要给自己留点空间，真正反思和探索所有这些事情。”

那当然很难。我们需要时间来筹划我们的奇遇。我不喜欢社交。这方面，我做得从来都不够多——也不够好。孩子还小的时候，我在一家公关公司工作，一项工作内容是晚上主持和参加媒体活动。我害怕那种场合，但是只能硬着头皮参加，而且认为：如果我必须很晚回家，无法给孩子讲睡前故事，那么我必须更加用心地应酬，确保时间过得值。我决心，每次活动，必须结交至少两个媒体人才能离开。在公关界，你与编辑、记者、电视制作人的关系就是你职业发展的筹码。如果我必须错过孩子的成长，那么我要尽可能发展我的事业。我刻意地去谋划——花时间弄清楚谁会到场，想办法结交他们。

我认为，大多数上班族妈妈会努力提高工作效率，以便回到家后可专心照顾孩子。下班后那种可参加可不参加的社交活动，价值可能很难确定。我们不再有大把时间参加鸡尾酒会、交际，希望遇到某个（也许某天）能帮到我们的人。太不切实际了。很有可能事倍功半。如果活动或会议需要花钱或出差，其价值就更难判断。所以我们需要精挑细选、谋而后动，而且，像迈克尔一样，要保持知名度——即使不如我们希望的那样知名。

激情为转型铺路

十五年前，当迈克尔首次进入科技界时，阿米拉图·搜（Aminatou Sow）正在首次学习英语。阿米拉图出生在几内亚（Guinea），父母是外交官。她在西非和欧洲长大，直到高二才说英文。2004年，她去了位于奥斯汀的得克萨斯大学（University of Texas），一头扎进了美国的一切，从流行文化到政治等等。毕业后，她搬到华盛顿特区；在那里，她没有工作，甚至不认识任何人。她开始找工作，被参议员约翰·克里（John Kerry）办公室录取做新闻实习生。她很高兴能去那儿实习，结果发现竟然没有工资。大学毕业了，不可能再免费打工。

“我只得重新开始找工作。”阿米拉图说。

那是2008年，经济全面衰退，大大影响毕业生就业。阿米拉图的许多朋友都没工作。很长时间没有找到理想工作后，阿米拉图将就去了乔治城（Georgetown）一家玩具店工作。

“没有什么比在自己想要从事的行业找不到工作，只好随便找个工作糊口更能打击你的自尊的。”阿米拉图说。但是，她乐观，懂得利用在玩具店工作的灵活性。在那工作，她有时间研究各种工作，向全华盛顿特区投简历。

那年冬天结束之际，阿米拉图去当时名叫新美国基金会（New America Foundation）的智库新美国（New America）面试。那里只招前台，阿米拉图接受了这个工作，不到一年就转到它的传播部。关心政治的阿米拉图很快意识到，她真的有本事把靠不住的政策变得很接地气，而且能在这个过程中享受到很多乐趣。“只有几个人知道怎样做网站，我是其中之一。所以我决定利用这个优势。”阿米拉图说。

寻求新挑战

阿米拉图把手头的社交媒体工作做得非常成功，但意识到她在智库界其实没有什么发展空间。她知道她想进一步了解社交媒体与社会参与，所以跳槽到一家媒体策略公司。在那工作期间，非营利机构美国驻伊拉克和阿富汗老兵组织（Iraq and Afghanistan Veterans of America，以下简称 IAVA）找到她，聘请她去主持数字媒体与社会参与工作。她对美国军事文化一无所知，但作为外交官的孩子，她对军属有着天然的亲切感。于是，她接受了这个挑战。“面试时我说，‘如果你能让我关注，那么你就能让任何人关注。’我认为，这句话让我得到了这份工作。”阿米拉图说。

在阿米拉图等人的努力下，国会通过了一部支持老兵的法律。“这是我最自豪的成就。”她说。

与此同时，像迈克尔·萨洛特和有着 20% 创新休息时间的谷歌工程师一样，阿米拉图手头一直也有一个激情项目。对于阿米拉图来说，这个激情项目始于 2009 年创建的一个博客，那个博客有关白宫管理与预算办公室主任（White House Office of Management and Budget Director）匈牙利人皮特·奥斯扎格（Peter Orszagd）。奥斯扎格让奥巴马政府有一种书呆子气的酷，上过《纽约时报》，在华盛顿特区有一群忠实的追随者——这群追随者读阿米拉图的博客 Orszagasm.com。

“我一直坚持一点，无论你在哪里工作：你需要一个只为你而设，做起来很有趣的项目。”阿米拉图说，“我一直设法在空闲时间做一个有趣的项目。它给你带来快乐，让你保持头脑清醒，你可以用它练手、学习。”

“别跟我说女人做不了什么！”

2011 年，阿米拉图与朋友伊利·迈耶（Erie Mayer）在一家数字技术公司工作期间，推出了“科技女人帮（Tech LadyMafia）”，一款支持连接科技界女性的列表服务器，上面可以谈论工资、工作，或者仅仅是手头正在做的科技项目。听烦了科技界对女性多么不友好，太少女性在科学、技术、工程、数学领域工作，阿米拉图想就此做点什么。

“人们不断告诉我们科技界没女人，我认为那不可思议，因为我知道有两个女人成了 NASA 宇航员。”阿米拉图说，“所以我们给二十人发了电子邮件，现在全世界已经有两千人收到了这封电子邮件。”

2014 年，阿米拉图与朋友作家安·弗里德曼（Ann Friedman）参加一个聚会。当时，一个男人对她们说，女人不做播客，因为她们没有足够耐心创建播客。“对我说女人不能做什么事，最能促使我尽快做这件事。”阿米拉图说。所以，这场由女人不做播客引发的谈话，激发阿米拉图和安共同推出并主持了一个播客，这个播客就是后来很受欢迎的“打电话给你的女性朋友（Call Your Girlfriend）”——每周一次，聪明的女人谈论有趣、时兴的话题，从政治到流行文化应有尽有。该播客依然很火，有着近 15 万的下载量，主要通过口碑和所收到的大新闻进行传播。最初为了较劲而开的播客，现在成了女人的万事通。

“我们没想到会这么受欢迎。这证实，人们希望听到更多的女性声音，人们关注以随意搞笑方式呈现的内容。”阿米拉图说。

阿米拉图现在三十二岁，住在旧金山，为谷歌主持了政治和社会影响营销工作后，最近开办了自己的咨询公司。谷歌现在是她的客户。

奇遇的完美时机

在畅销书《异类：不一样的成功启示录》（*Outliers：The Story of Success*）中，马尔科姆·格拉斯威尔（Malcolm Gladwell）描述了时机对成功的影响。对于希望成为专业冰球运动员的加拿大人来说，由于青少年冰球联赛球队每年选人的截止日期，1 至 3 月出生是很幸运的。年龄较大的孩子有优势，因为他们通常个头较大，即使只在打球的最初几年。格拉斯威尔发现，对于包括洛克菲勒（Rockefellers）、卡内基（Carnegies）、J. P. 摩根（J. P. Morgan）在内的行业巨头来说，仅仅活跃在恰当时期就会大大增加成功概率。“成功不是随机的，而是出自一组可预测的关键情形和机会……” 格拉斯威尔写道。

就像《异类》说的那样，阿米拉图认为她的出生年份刚刚好——她可能是对的。她进入社交媒体界的时机是完美的。“我认为，晚出生一年，我就不会处在现在的位置。” 阿米拉图说，“我真的认识到了那点。我能走到这步，是因为时机好、胆子大。”

但是，正如我们从奇遇中看到的那样，阿米拉图为自己筹划了 “幸运的意外”：在恰当的时间利用恰当的机会，与人结交、拓展人脉。她看到了 “相邻可能”，为自己扩展边界，这些举动最终让她遇到更多机会。“我一直相信，人人都可以做任何工作（发射火箭那种高难度工作除外），只要经过适当的训练、有着适当的好奇心，投身其中就好了。我一直很奇怪，为什么经常有人说 ‘我永远做不到’；实际上，我喜欢听人说 ‘我也许能够做到’。”

阿米拉图也在无意识地运用迈克尔 · 萨洛特的奇遇公式。她乐于体验新事物，愿意承接超出其能力范围的项目。她不让恐惧阻止她探索新事物。实际上，她喜欢挑战。阿米拉图正是以专家提倡的那种新方式考虑她的职业发展。

“对我来说，与其担心遭到淘汰，不如坚持学习、与时俱进。” 阿米拉图说，“我考虑的是，社会仍然需要什么技能，什么是有用的。即使是为谷歌做项目或者业余做咨询项目期间，我也发现经常有人就完全不在我能力范围的事情来找我。他们会说：‘你好像有能力也有人脉，这个事情你怎么看？’从你最想解决什么问题、最想做什么事情出发，然后看看你具备什么技能、想要培养什么技能、你在所有这些领域可以做出什么贡献，也许是考虑职业发展的更好方式。”

“你发光，我有光”

认识阿米拉图的人都说，她的一大特点是牛。学习英语才三年，她就独自搬到美国。二十八岁的时候，她登上《福布斯》(*Forbes*) 科技界“30 位 30 岁以下俊杰榜单（30 Under 30)”。她与人共同努力说服国会通过一部支持老兵的法律，她与包括女演员莉娜·邓纳姆在内的很多名人是好朋友。阿米拉图的更大特点是，她喜欢鼓励女人尝试一下。她的目标之一是，打造一支更强大更团结的女人帮，把帮助其他女子走向成功作为行为守则。对于阿米拉图来说，那是天经地义的。她头脑聪明，喜欢交际，fierce①。她还极其慷慨。

“科技女人帮”的经营原则是“发光理论：你不发光，我也无光”。忘掉女人之间的攀比，不要讨厌那些看起来比我们

① 参见第 11 页注释。

更新潮、更成功的女人，打心底接纳那些更聪明、更强大的女人。不要觉得聪明、风趣、成功——是的，甚至还有光鲜亮丽——的女人会威胁到你，与她们做朋友。“科技女人帮”秉持的理念是“你好，我也好”，完全颠覆“女人与女人是天生的敌人”的说法。女人不该为一块不大的蛋糕争个你死我活。“科技女人帮”号召女人互帮互助，把爱传出去。如果有人给你一个机会，你不要，那么你应该把这个机会沿着你的社交网络传给其他人。“这种方式容易吸引更多女人带着机会加入我们。”阿米拉图说。

要、给、收

她们还有一条名叫“要和给”的规矩，由“科技女人帮”成员纳塔利娅·奥蓓提·诺格拉（Natalia Oberti Noguera）提出。每次参加“科技女人帮”活动，你应该要一样东西（不管什么可以帮到你的东西），然后给一样东西作为回报。阿米拉图说，女性往往不喜欢求助、求人。她们也有点不好意思给予。“即使是大声对彼此说‘我向你要一样东西’‘我给你一样东西作为回报’，也是很大的挑战。”阿米拉图说。

阿米拉图想改变女性对社交的看法。她希望女人别把社交看成讨厌烦人的事情，希望有个地方可让女人吹吹自己、谈谈工作，是的，进行自我推销。

“男人聚在一起时，谈的都是工作，因此得以了解发生了什么事、有什么可以帮忙的。”阿米拉图说，“女人聚在一起时，谈的多是孩子。说到工作，我们绝对不想被人视为负担，不想被人看出我们捉襟见肘的状态。从专业角度来说，这种做法不可取。我认为，行为守则真的有必要纳入聚在一起时要东西给东西、换个方式聊自己这两条。知道有个地方可以做这些事情，人们就更放得开。当你觉得自己给的和要的一样多，那还有什么心理负担？”

在《纽约时报》畅销书《给予和索取：为何成人能达己》（*Give and Take: Why Helping Others Drives Our Success*）中，亚当·格兰特（Adam Grant）写到了一种新的互惠模式。不同于迈克尔所说的那种鸡蛋换牛奶式互惠，在这种新的互惠模式中，给予者有更长远的打算：我帮你，不是想要你马上报答我，而是通过这种方式积累人脉，希望哪天我需要帮助的时候也能得到帮助。

“在传统互惠模式中，人们是匹配者，崇尚有来有往、追求付出等于回报①。”格兰特写道，“谁帮助我，我就帮助谁，

① 格兰特写到了三种人：给予者（Giver）、索取者（Taker）、匹配者（Matcher）。前两种其意自明，第三种崇尚有来有往、追求付出等于回报。

我想要谁的东西，我就给谁东西。但是今天，有一些给予者发起了一种更强大的互惠模式。这类给予者追求的不是交换价值，而是增加价值。”而且，给予促进给予。“给予，特别是与众不同又前后一致的给予，可以让同一群体其他人改变互惠模式。”

阿米拉图是典型的给予者，她创建了一个社交网络，旨在给每个人而非仅仅她自己增加价值。“我认为社交网络非常重要，因为独自打拼难成气候，但是结交强大女性，争取她们提携，你会大有成就。”她说。

阿米拉图创建的那种社交网络有着巨大的长期影响。她们正在为女性修改参与规则。她们正在教导女性夸耀自己、寻求帮助、分享资源。她们鼓励女性分享机会，把自己不要的项目转给别人。我们不该藏私，我们应该给予——因为你发光，我有光。

参加社交活动，打响知名度

与迈克尔应付自如的那种大会过后的传统鸡尾酒会相比，阿米拉图的模式对女性更友好。但是，正是在鸡尾酒会之类行业活动上，才好创造奇遇、发现机会。难处在于，女性往往没有时间参加那些活动。我们甚至可能低估那些活动的重要性。那么，关键是会选择、会谋划，有时甚至要强迫自己参加，因为打响知名度是第一步。

我们许多人知道，大会可能非常耗时、烧钱。格雷格·林赛建议，试着在大会做点事情，让大家认识你。在会上发言（如可能），或者主动帮忙做会务工作。这是结交重要人物的最佳方式。不要只做参会者，要做组织者，那可以立即提高你的知名度，为你打开机会的大门。不要只听会上正式报告，要参加会后社交派对，后者要重要得多。另外，你可以请会议组织者把你引荐给重要人物，这也可以尽量增加那些活动的价值。

除了参加行业活动外，你还可以通过其他方式拓展人脉。与以往相比，现在有更多地方供人们出来交际、交流想法、产生灵感、发现机会；去那里，你多少会有一些收获，不管是新理念、新创意、新项目，还是其他有助于你发展事业的东西。林赛建议加入像 WeWork 那样的联合办公空间，通过管理员结交更多人。那些场所聚集了有着不同技术背景的人，你可以找到你想要学习的相邻技能，看到其他可能。“说到社交奇遇，女性现在可以利用很多全新的东西，比如同行之间真正共享工作环境、交流会，以及各种有趣的社交网络。”林赛说。

知识就是力量；知道你可以（至少在一定程度上）为自己谋来好运，你就会觉得充满力量。积极参加相关活动，花心思与人结交，努力向大家展现你自己，你就可以为自己创造奇遇。

第4章

在“女子休息室”社交：人脉的力量

“想走得快，就独自前行；想走得远，就结伴而行。”

——非洲谚语

在曼哈顿中城（Midtown Manhattan）希尔顿酒店（Hilton Hotel）一个套房里，五十三岁的雪莱·扎里斯（Shelley Zalis）正在重新摆放家具。与她以往用作“女子休息室（Girls' Lounge）”的房间相比，这个套房更紧凑。楼下正在召开由广告研究基金会（Advertising Research Foundation，以下简称 ARF）主办的大会，与会的女人们预计会上楼来参加午餐交流会。雪莱穿着黑色坡跟靴子，高高的鞋跟并没影响她干活。她挪动大沙发，拖动咖啡桌，好腾出地方让几十个女人参加她的

"女子休息室"活动。"女子休息室"于 2012 年在拉斯维加斯（Las Vegas）一间酒店房间首次举办，是雪莱针对女人们推出的一档类似男子俱乐部的活动。参加大会的商界女性，可以在上一场与下一场研讨会期间来到"女子休息室"，免费交际、社交、保养。

套房有个房间，摆有相应设备免费为女人们提供水氧面部护理服务。套房的浴室，带着全套行头的发型师正在为女人们打理头发。还有美甲师给女人们做指甲，化妆师在为女人们做美妆。一个兴高采烈的女人正在推销益生菌食品。一家出租高档礼服、手提包、首饰的公司正在展示时装和珠宝。甚至还有一个开朗活泼的"信心教练"在人群中穿梭，帮助女人们提升信心。

我受邀来到"女子休息室"的过程，也许能最好地解释这个活动的本质。这个过程，可以说是终极奇遇。它始于新泽西州恩格尔伍德（Englewood）一个犹太女孩的成人礼。我的朋友莎朗（Sharon）为女儿举办成人礼，我受邀参加了。成人礼的自助餐上，一个笑容灿烂的女人走向我，自我介绍说她叫吉利·盖瑞特（Gilly Garrett）。这个人，我早就听莎朗提到过。她也是莎朗的朋友，早就听莎朗提过我。

吉利知道我是作家，问我在写什么。我提到这本书，吉利立即大声说我得跟着她去那个周二在纽约举办的“女子休息室”活动。吉利从事的工作，与广告研究无关。事实上，她连大会主题也不确定。但是，吉利热情地告诉我，雪莱·扎里斯是她的导师——仙女教母①那种，在她有难之时慷慨相助，向她提建议、帮她发展事业，撮合大超市全食（Whole Foods）售卖她的有机护肤品。她与雪莱的相识，是通过一位朋友的介绍。事情就是这样发展的——朋友的朋友把彼此联系起来，而雪莱帮助传播精灵粉。

巧合地是，我刚刚在《纽约时报》看到了有关“女子休息室”的报道。而且，我把那篇报道收藏到了笔记本电脑包里，打算哪天采访下雪莱。几天之后，我走进希尔顿酒店套房，见到雪莱，雪莱给了我一个温暖的拥抱。吉利向雪莱解释，她在一个犹太女孩的成人礼上见到我，我碰巧读了《纽约时报》的那篇报道，打算采访她，好写这本书。雪莱听了之后笑着说：“是的，这就叫无巧不成书。事情注定要这样发展，我们注定要见面的。”

雪莱住在洛杉矶，具有那种职业力和魅力。你可以感觉得到，她圈子里的女人们真的崇拜她、敬重她。雪莱是老板、大

① 仙女教母及其精灵粉，看过灰姑娘童话，就能懂。要本土化的话，就换成观音菩萨洒圣水吧。——译者注

师，还是三个成年孩子的母亲。最后一重身份，她在企业界从未隐瞒，而是欣然承认，哪怕是在做首席执行官期间——尤其是在做首席执行官期间。雪莱坚信，女性天生就能当好领导人，因为我们的天性（关爱他人、乐于分享，讽刺的是，人们普遍认为领导人不该具有这些特质）有助于激励他人、营造积极的工作环境。我们擅长培养他人、与人协作、建设团队，这些优势有利于发展事业、拓展人脉。而且，正如雪莱喜欢说的那样，公司做业务其实就是与人打交道——关系就是一切。

雪莱在男性唱主角的研究界做到高层，非常清楚自己想要打造什么样的企业文化。她在全球著名市场调研公司尼尔森（Nielsen）做了多年定性研究员后，于2000年成立研究公司在线测试交流（Online Testing Exchange，以下简称OTX），把评估消费者对电影预告片和电视广告的兴趣作为主营业务。雪莱颠覆传统办公文化，把打造具有家庭氛围的工作环境作为一条经营原则（在她之后，这种做法才成为一种时尚）。传统公司政策让上班族妈妈很难做到工作生活兼顾，她对这些公司政策嗤之以鼻。她说，她不是循规蹈矩的人，总是设法改变那些对她没有意义的规矩。OTX上下班不打卡，因为“那个东西很蠢，容易作假”。雪莱说，表面时间并不重要，关键是把工作做好，做好了就可以下班，但别只顾自己，要看看队友有没有什么需要帮忙的。

知道孰轻孰重，避免遗憾

“我们公司有条规矩是‘活得没有遗憾’，根据这条规矩，员工得问问自己：‘错过孩子的足球比赛或父母的结婚纪念日，我会难过吗？’如果答案是肯定的，那就不要错过。”雪莱说，“我认为，工作—生活平衡之类的东西并不存在。生活并不是与工作对半分的，而是有很多方面。你有家庭、工作、朋友，所有这些都很重要。人生不同阶段，你对各个方面的重视程度有所不同。我认为，孰轻孰重并不是固定的，看你处在生命周期哪个阶段，还看你如何搭配各个方面。”

每个寒假，雪莱会给 250 名员工一一打电话说谢谢。她说，多年来，她跟员工的配偶、父母和孩子说话。她的员工甚至开始期待这个电话，有时会先打给她。雪莱就是那种老板，她营造的就是那种家庭氛围。雪莱的电话很真诚，并不是作秀，也不是走过场。她营造的家庭氛围，促进了她的事业发展：她的公司改变了所在的行业；2010 年，雪莱以 8000 万美元的价格把 OTX 卖给了一家法国公司。

“女子休息室”的使命之一是，让女人们大方展示自己的“女人气”，不再为之道歉。雪莱坚持认为，董事会里的女人会对男人起到很好的制衡作用；让女人加入董事会，是需要做的正确事情，不管是从文化角度来讲还是从盈利角度来讲。雪莱在 OTX 打造的文化，允许女人茁壮成长。

雪莱也意识到，工作—生活冲突没有缓解迹象。“高层职位太少，女人不得不把自己变成‘女汉子’，明知一些规矩对女人不公平还努力去遵守。”雪莱说，“女人在工作中做到中层，同时在家庭里承担起越来越多的责任；她们上有老下有小，这时工作—生活平衡问题就出现了。最好的领导人是关心他人的那种，但是我们的社会把最好的领导人逼得回家照顾老人小孩了。我们需要创造一种文化，让最好的领导人可以上升到高层，不必因不利于女性的职场文化而被迫选择退出。”

母女关系

我参加的那次“女子休息室”活动，有个主题是体验母女关系的力量。雪莱营造了一种讲故事的氛围，鼓励在场的女人就这个主题分享自己的故事。丽莎·孙（Lisa Sun），十五岁上耶鲁大学（Yale University），在麦肯锡公司（McKinsey &

Company）做过顾问，现在经营着自己的在线女性时装业务 Project Gravitas。她说她的母亲是终极“虎妈”，也是她最大的“粉丝”。“押宝永远要押在自己身上。”丽莎告诉我们，她在纠结要不要自己创业时，她的母亲这么说。丽莎说，Project Gravitas 启动前，她的妈妈按中国台湾传统花了 50 美元请了一个和尚来祈福、放孔明灯。我们与丽莎的母亲（她在台湾）进行视频通话，她对我们说她为丽莎骄傲，跟我们讲了丽莎的所有成就。

接下来，又有人讲了一个母女故事。这个故事让人感受到女子的力量，每个人都感动得热泪盈眶，包括雪莱。这可能是“女子休息室”的与众不同之处。“女子休息室”不只是针对女性的职业生涯工作坊。在“女子休息室”，职场生活与个人生活之间的界限是模糊的。我们有一个身份维恩图：每个圈圈代表一重身份，分别是女人、妈妈、职业人，几个圈圈互有重叠。我们的女性和母性影响我们各个方面的生活。在“女子休息室”，女人有话直说，不说抱歉。在“女子休息室”，你可以同时具有几种身份。

团结就是力量

2012 年，拉斯维加斯举办国际消费类电子产品展览会

(International Consumer Electronics Show，以下简称 CES)。正是在这次展览会期间，雪莱推出了“女子休息室”。她邀请了一些女人，还请这些女人进一步邀请她们的女性朋友，去她定好的酒店房间聚会。雪莱之所以想到办“女子休息室”是因为发现：参加那种大型会议，女人可能感到孤独、觉得自己像个透明人。她曾经有过那些感觉，那是在几年前的戛纳国际创意节（Cannes Lions）上。她作为一位想要了解媒体世界的研究人员去法国参加那次盛会，看到其他人大多是三五成群地一起行动——独自一人可能非常凄惨。

“我走在街上，想着真不该来这里，因为没人邀我做任何事情。在这个五万人的人海中，没人认识我。”雪莱说。

所以，去拉斯维加斯参加 CES 期间，雪莱在酒店订了一个特大房间。这个房间在二十四小时内迎来了五十个女人，她们挤在里面，向彼此展示自己的技艺和小玩意儿。第二天来了一百个女人，雪莱把活动场地换成了四季酒店（Four Seasons）的顶楼套房。第三天，队伍壮大到一百五十人。“我们按女人喜欢的方式交际。我们一边做头发、化妆，一边做生意。那种环境让人觉得合适、快乐、舒服、美妙。”雪莱说，“‘女子休息室’还有一大成果。一些男人认为科技界无女人，而我们改变了那个看法。一个人的时候，像个透明人；但是，现在，我们团结起来，有了力量。一个人来到女子休息室，与新结交的二十个朋友一起离开。一群人一起雄赳赳气昂昂回到大会，惹人注目得很。男人们注意到了，原来科技界有这么多女人。”

CES 那个团结就是力量的一刻，永远刻在了雪莱的心中。她意识到，女人越多，能量越多，力量越大。知道大会上有一群女人陪着你（“陪着”是字面意思），你会感觉良好。你不是一个人。雪莱说，“女子休息室”的初衷是，提供一个地方让女人交际、协作，制造一些变化，最终改变女人的生存环境。她没想到，“女子休息室”会发展得那么快、产生那么大的影响力。2016 年 3 月 8 日，第一夫人米歇尔·奥巴马（Michelle Obama）邀请“女子休息室”到华盛顿特区帮忙宣传奥巴马政府的“让女孩上学（Let Girls Learn）”项目。这个项目的目的是帮助全球少女进入学校，完成学业。因为只有几天的准备时间，所以雪莱把一辆公共汽车改装成了移动式“女子休息室”。这次活动，是为十几岁的女孩举办的。那辆汽车载上女孩们上街游行，宣传那个项目。美国驻联合国大使萨曼莎·鲍尔（Samantha Power）参加了其中一次游行。

现在，雪莱正把“女子休息室”推向企业，目的是创建企业内社区，为志趣相投、同病相怜的女人提供结交机会。

“女人都面临同样的挑战。”雪莱说，“这里真的存在性别差异，主要是因为我们的生涯发展周期与男人迥异。我们有很多共同点，我们可以分享。我不希望她们觉得，只有竞争才能带来进步。我要让她们明白，女人们可以团结起来一起进步。”

新潮多栖人才

“妇女节快乐!”我在纽约市东村（East Village）一家咖啡馆见到蕾切尔·斯科拉尔时（她的女儿当时正在同一街道的托儿所里），她爽朗地笑着说。妇女节是为庆祝有影响力的女人给世界带来的变化而设立的节日，我觉得在这个节日与蕾切尔谈话特别合适，因为她这个女人出了名地关心从女权主义到多元化的重要社会问题。

蕾切尔是个骄傲的加拿大人，在多伦多出生长大，1998年移居纽约市，在知名律所做公司法律师。法学院从来不是蕾切尔的梦想，而是她在父母影响下做出的谨慎选择。有的时候，燃烧的激情加上反复出现的入错行感，会让一些人不安分。蕾切尔就是这种人。

蕾切尔做律师期间，日常工作就是校对法律文件。在那些枯燥的日子里，她体内的创作因子大部分时间都在沉睡。之所以说大部分时间是因为，她不时写些东西，总体上写得不错，常有作品发表。所写的东西发表时，她会绕着所在的律所跳舞，兴奋地看她的署名。终于有一天，在用朋克摇滚动作庆祝一篇文章发表时，蕾切尔做了朋友眼中或疯狂，或勇敢，或既疯狂又勇敢的事情——取决于你问谁。她辞掉那份好工作（那份工作有着可爱的秘书、丰厚的工资、几乎确定的职业发展轨迹），成为全职自由撰稿人。生活一下子散漫起来，但是蕾切尔并没失去斗志。她上课，专心磨练写作技能，为包括《魅力》和《纽约时报》在内的杂志社撰稿，直到 2005 年找到一份工作——做 Mediabistro 的 FishbowlNY 博主兼编辑。这让她打入了纽约蓬勃发展的新媒体界。蕾切尔风趣而犀利的写作和报道风格，连同她在合适的时间与合适的人结交的超强能力，让她在在线媒体界不断晋升，从 FishbowlNY 博主一直做到《赫芬顿邮报》（*The Huffington Post*）创始编辑。

蕾切尔是新潮多栖人才。她说自己是作家、企业家、交际家、单身妈妈——如果个人简介允许写得长一些的话，她甚至会加上段子手、歌手。她非常喜欢音乐剧，自编自导过音乐剧。她还喜欢野外露营，这种活动为她的创作提供素材、锻炼她的交际能力。蕾切尔对交际的热衷，可以追溯到她在安大略省（Ontario）参加的 Camp Winnebagoe 夏令营。“我是夏令营女王。”蕾切尔笑着说。

我第一次见到蕾切尔是在2009年，当时我在一家公关公司工作，我的客户是她的新东家，媒体创业公司Mediaite。Mediaite由从法律界转到电视界的法律分析师丹·艾布拉姆斯（Dan Abrams）创建，蕾切尔是它的第一个员工（职位是创始编辑），帮助丹把它一点点做大。她对媒体、文化、科技、社会问题的精彩评论和报道，让她在许多圈子里有着堪比摇滚明星的地位。她还是有线电视节目的常客，受邀就许多话题发表过意见。她风趣健谈、精力充沛，而且有着传神的绿色眼睛、栗色的波浪卷发、灿烂的笑容，是有线电视节目最想要的那种嘉宾。

因点评社会问题而出名的蕾切尔，现在又因单身妈妈身份火了。孕中期时，她为出版平台Medium写了一篇文章，说自己四十一岁单身怀孕，引发了很多争议。“我在夏天谈了一场恋爱，怀孕了。”她写道，“恋爱结束了，但是妊娠没有。”蕾切尔用风趣、辛辣、大胆的文字，撕开了生儿育女、单身妈妈、女人年龄的遮羞面纱。她还用自己的经历，展现了女人面临的挣扎、误解、医疗困境。即使在怀孕期间（或者，也许特别是在怀孕期间），蕾切尔也不忘帮助改变社会对女人的期望和要求。

“改变比例”：一个社交网络的诞生

2010 年春，蕾切尔和艾米丽·甘尼特（Emily Gannett）共同创办女性组织“改变比例（Change the Ratio）”，旨在帮助科技界和媒体界的女性提高知名度，为她们创造更多机会。蕾切尔是个记者，编程技能只限于 HTML，但是 2005 年成为纽约新兴数字媒体界常驻人物。创业界和科技界不太认可女性，“改变比例”就是蕾切尔针对这一现象推出的。2010 年，《纽约》杂志发表了一篇有关科技行业的文章，里面介绍的人物几乎都是白人男性。看到这篇文章后，蕾切尔激愤难平，于是给科技界许多女性发了一封电子邮件，说她厌倦了写文章讨论“何处是女性立身之地”，该采取行动为女性争取立身之地了。那封电子邮件是“改变比例”的成立宣言，其标签#changetheratio 在推特（Twitter）疯传开来，成为在科技行业和其他行业呼吁多元化的战斗口号。

“改变比例”主张“知名度带来访问量（access），访问量带来机会”。本着这一精神，蕾切尔迈出了下一步。她说，这一步是知名度与机会交互作用的必然结果。2012 年，蕾切尔和莱尼斯·麦克尼可（蕾切尔的朋友，以前和蕾切尔一起做过写手）创建了 TheLi.st，一个会员制社交网络、一个列表服务器、一个媒体平台。“有一点已经很清楚了，即对 TheLi.st 会员而言，TheLi.st 不仅十分有用，而且必不可少。”蕾切尔说，“TheLi.st 优点多多。它是高水平众包的快速通道，大大节省时间。它的会员，身份经过严格审查，与她们打交道，你会很放心。它发布的消息，绝大多数是非常可靠的。”

没过多久，TheLi.st 就从一款简单的列表服务器发展成一个真正的女性互助社区。女人发帖写生活中的感悟、工作上的困惑，或者打听一些事情，比如：“我应该要多少工资？”TheLi.st 采用女人喜闻乐见的形式，成了女人互相鼓舞互相激励的在线村庄。而且，就像第 3 章讨论过的阿米拉图·搜的“科技女人帮”社交一样，它成为夸耀、分享、让人了解你的过去成就和当前工作的空间。“这个社交网络的目的其实就是传播。”蕾切尔说，“它就是让消息一传十、十传百的地方。”

今天，TheLi.st 大约有五百名会员。蕾切尔认为，那个数字刚刚好；社区达到这种规模，紧密度往往恰好最能帮助会员、满足会员需求。其他女性社交网络可能针对特定行业，但是 TheLi.st 面向所有行业，因为蕾切尔自己与多个行业有交集。TheLi.st 的会员，多是企业家，还有从事媒体、文化、学术、科技工作的。

本着充分披露原则，我应该承认我是它的会员。我在 TheLi.st 亲自体验了女性互助的力量。TheLi.st 会员为本书的完成提供了很多支持。她们接受我的采访，为本书提供了很多素材。她们带我见了很多人，给我出了很多主意，光凭我自己是不可能见到这些人、想出这些主意的。她们为本书提建议、给本书做宣传。当我得知我原来的暂定书名已经有人用了的时候，她们甚至帮忙想了一个新书名。

女人抱团互助并不是新事物——事实上，我们女人，天生就懂得互相帮助。从帮助彼此分娩，到照顾彼此的宝宝，再到相互扶持度过艰难时光，女人一直在互相帮助。但是，女人抱团帮助彼此发展事业的提法相对较新。正如蕾切尔所说，号召女性帮助彼此发展事业，对整个社会都很重要。

“男人一直有着强大的工作关系网，而女人一直有着强大的私人关系网。由于过去职场女性较少，像你们那样坐上高位的女性更少，所以潜在交际对象很少。”蕾切尔说，“对坐上高位的人士而言，培养后辈、注重公平，变得日益重要；因为这样做不仅有利于所在企业的发展，而且可以让整个社会变得更好。”

超级交际家角色

蕾切尔对许多人的职业生涯和工作关系产生了巨大的影

响。女权、媒体、科技、文化话题都能掰扯的作家兼演说家，她称第二，没人敢称第一。她在很多领域都很有名气和影响力，堪称终极交际家。正如马尔科姆·格拉斯威尔在《引爆点：小事情如何带来大变化》（*The Tipping Point*：*How Little Things Can Make a Big Difference*）中指出的那样，"交际家"在社会占据关键位置，横跨多个领域，对许多事物的发展起着推动作用，可能是潮流兴起、生意兴隆、事业发达的原因所在。在那本书中，格拉斯威尔描述了有影响力的交际家是什么样的。有影响力的交际家，处处有熟人，朋友遍天下。"交际家的关键特点是，同时涉足多个领域而且能把这些领域的人都调动起来。"格拉斯威尔写道，"一个人越接近交际家，就得到越多助力和机会，越容易变得富有；同样，一个思想或产品越接近交际家，就得到越多助力和机会，越容易传播开来。"

在《智强捷径：黑客、创造者以及偶像如何快速成功》（*Smartcuts*：*How Hackers*，*Innovators*，*and Icons Accelerate Success*）中，谢恩·斯诺（Shane Snow）在格拉斯威尔的基础上更进了一步，探讨了交际家的一个子集——"超级交际家"。根据斯诺的说法，超级交际家积极利用自己的关系网帮助一个人一下子认识许多人。蕾切尔，慷慨大方，魅力四射，横跨多个领域，结交了很多有趣之人，堪称超级交际家。

蕾切尔之类有影响力的人还有另一特征，即不仅充当着人与人之间的联系桥梁，而且在推动一种新的互惠模式。正如我们在第 3 章讨论过的那样，亚当·格兰特在《给予和索取》一书中写道，在传统互惠模式中，谁帮助我，我就帮助谁，我想要谁的东西，我就给谁东西，这就像鸡蛋换牛奶。但是，格兰特写道，还有一个更强大的互惠模式，这个互惠模式长远看来能带来更大的成功。

“我发现，成功的给予者最具魅力的一点是：往上爬但并不踩别人，想方设法做大蛋糕，既让自己获利也让周围的人获利。对一群索取者而言，成功是零和游戏；对比之下，一群给予者真的可以做到整体大于部分之和。”格兰特写道。

在格兰特描述的那种人身上，蕾切尔看到了自己的影子。对蕾切尔来说，给予一直是自然而然的事情。“我认为，我大概介于给予者和匹配者之间。”她说。接着，她又补充说，给予是有限度的，给予太多需要引起警惕。她说，女人特别容易给予太多——因为我们不喜欢说不。

“整天、每天、一直不停地给予，总有一天会枯竭的——你也需要回报。”蕾切尔说，“而且，更重要的是，女人总被期望一直这样免费给予。”

社交：集体的力量

在《像打造企业一样打造你自己》中，LinkedIn 创始人里德·霍夫曼说明了社交网络对事业成功的促进作用。他强调了集体的力量。蕾切尔·斯科拉尔和雪莱·扎里斯的 TheLi.st 就是利用了集体的力量。通过 TheLi.st，女性聚集在一起，让声音更加响亮。她们在事业上给彼此提供帮助，在心理上给彼此提供支持。她们分享经验、人脉、工作机会。她们体现并信奉蕾切尔的格言，“知名度带来访问量，访问量带来机会”。

对于雪莱来说，这是团结的力量。与一个人相比，一群人更有影响力，更惹人注目。就像在第 3 章阿米拉图·搜向我们介绍她的“科技女人帮”社交网络时说的那样，分享资源、把爱传出去，我们都会赢。阿米拉图的口号“你发光，我有光”，也承认集体的力量。有趣的是，集体力量并非有关深关系。事实上，研究表明，并不是你最亲密的朋友或联系人让你更快获得事业成功；说到寻找工作机会，最重要的是“浅关系”。

为什么浅关系是最好的

浅关系的优势，社会学研究很早就确定了。这可追溯到 1973 年，当时约翰·霍普金斯大学（Johns Hopkins University）

马克·格兰诺维特（Mark Granovetter）通过研究发现，最好的工作机会来自关系较远的熟人，而不是关系较近的亲朋好友。这是因为在你的核心圈子里，所有人掌握的信息大概都与你一样。你需要走出那个圈子，与更多人交际。浅关系本质上是获取信息的渠道。

在很多意义上，这是个好消息。深关系需要大量时间和精力去经营，而女人（特别是上班族妈妈）大都没有那个时间和精力。浅关系维护起来更容易，而且通过社交媒体或电子邮件就可以轻松地加以利用。蕾切尔、雪莱和阿米拉图创建的社交网络本质上是由浅关系构成的，上面聚集了全国乃至全球不同行业的女性。好笑的是，由于关系浅，社交网络反而更有影响力，可以帮助女性提高知名度，更快取得事业成功。

寻找和打造强大的社交网络

在谷歌上搜索“女性职业发展社交网络”，可以得到几百万条结果。现在有各种类型面向女性企业家和特定行业专业人士的的社交网络，有地方的也有全国的，有线上的也有线下的。许多社交网络，初衷是好的，但效果不一定好。根据斯坦福大学（Stanford University）和 IDEO 的研究，理想的社交网络应该由以下三种人组成：收藏癖，图书管理员，好心人。

“收藏癖带来资源，可以用于产生新想法。图书管理员带来信息和知识。好心人有分享的态度和做法。”雅典娜·冯噶里斯-马克洛（Athena Vongalis-Macrow）在《哈佛商业评论》（*Harvard Business Review*）博客文章《社交网络价值评估》（*Assess the Value of your Networks*）中写道。

研究发现，一个社交网络是否有益，关键看成员的素质和沟通的频率。社交网络的效果可以通过成员之间的关系和每个成员的贡献来衡量。成员们积极帮助彼此、分享资源吗？成员们及时回应彼此、定期相互沟通吗？沟通频率对社交网络有效性至关重要。

这些社交网络总由蕾切尔之类“超级交际家”给大家做介绍、把大家联系起来。我认为，在当今社会，找一位导师不如找一位超级交际家。超级交际家身上并没贴标签，要经过一番观察才能识别出来。在聚会场合，注意看哪个人在人群中游走、与谁都能聊起来，这个人可能就是“超级交际家”，应该结交。如果社交网络的沟通主要通过留言板或列表服务器等在线方式进行，那么看看哪个人最活跃、最愿意提供帮助。如果可能的话，联系那个人，在现实生活中见上一面。她不需要成为你最好的朋友——不是反而更好。上文说过，浅关系是最好的关系，要想超级交际家发挥最大的作用，最好与之保持不远不近的关系。

有句话说“运气在于跟进”。见过一个人后，主动联系加以跟进，看看你能帮到她什么，也对培养关系至关重要。注意你们之间的谈话，看看你能怎样帮她拓展人脉或解决问题。还要记得说“谢谢你”。这好像是明摆着的，但很多人忘记表示感谢。一个人应你请求写封电子邮件把你引荐给另一个人，电子邮件也许五分钟就写好，可是那两人之间的关系却是花了十年时间培养出来的。要有感恩之心。

人人都是赢家

社交网络还会增强助人意愿，特别是当它把互相帮助作为一条行为守则之时。亚当·格兰特说，在一个社交网络，如果给予和接受成为常态，那么每个成员都会赢。社交网络还会减轻蕾切尔所说的许多女性常有的枯竭感——总是给予、不得拒绝、不求回报，就会有这种感觉。

“如果一个社交网络把给予定为一条规范，那么成员就会遵守这条规范，做给予者，即使她们在其他地方更可能做索取者或匹配者。这会降低给予的风险：每个人都做贡献，蛋糕就会做大，给予者就不再为贡献远远多于收获而苦恼。”格兰特写道。

社交网络不是新事物，但重要性日益增加。特别是现在，随着经济日益偏向创业型，社交网络越发重要了。事实证明，要想在社交网络实现“共赢”，一个有效方式是制定相应的参与规则，鼓励成员做给予者，最起码是匹配者，而不是一味地索取。如果每个人都从长计议，懂得将欲取之必先予之，那就会形成一种很好的氛围，最终让每个人都受益。

硅谷有很多估值超过十亿美元的创业公司，LinkedIn 就是其中之一。LinkedIn 把社交网络做成在线的，改变了人们找工作的方式以及相互联系的方式。LinkedIn 的使命陈述说得很简单：“把世界上的专业人士联系在一起，使他们取得成功、做出成绩。”对比之下，新的女性社交网络采取不同的模式，可以说有着不同的终极目标。我认为，女性社交网络要成功，必须走以色列集体农场那条路。我们都做贡献，我们都受益于彼此的贡献。我们有索取有给予。我们人多力量大。

这并非有关利他主义。正如格兰特写的那样，它有关营造给予氛围。在某些时候，每个人都想要一些东西作为回报。但正如雪莱和蕾切尔表明的那样，互相帮助的时候，我们更有信心、更有影响力、有更多机会。对于女性来说，它不仅有关相互联系，而且有关相互扶持、一起进步。

第 5 章

从高处跌落：顽强爬起

“女人就像茶包，直到她处在水深火热之中，你才知道她有多坚强。”

——埃莉诺·罗斯福（ELEANOR ROOSEVELT）

2015 年 5 月 14 日，距离《纽约时报》第一位也是唯一一位女性执行总编——六十一岁的吉尔·艾布拉姆森（Jill Abramson）从全国最权威报纸最高编辑职位被公开辞退的那天正好一年。在这份工作上埋头苦干两年半，却突然被踢到一边。这是那家有着 160 年历史的报社首次有女人坐上最高位置。所以，吉尔被炒的时候（据称是因为她“粗暴的管理风格”），媒体沸腾了。有报道说吉尔“不易相处”，这个词对女性经理人来说带有双重标准。还有报道说，吉尔在被炒之前请了一名律师代她要求加薪，认为自己没有得到与男性前任相当的待遇。

巧合的是，在吉尔下台一周年之际，我听到她在纽约市举行的女性“霸气习惯（Power Habits)”大会上讲话。这次大会由蕾切尔·斯科拉尔和格莱尼斯·麦克尼可的TheLi.st主办(第4章说过，TheLi.st是一个致力于帮助女性增强力量的网络和媒体平台)。吉尔与蕾切尔·斯科拉尔的一对一对话，有个非常恰当的标题：破旧立新，与时俱进（Be the Disrupter，Not the Dinosaur)。

蕾切尔与吉尔对话之后，又与凯瑟琳·敏秀（Kathryn Minshew）进行了一场鼓舞人心的对话：从底层做起（Starting from the Bottom)。凯瑟琳，二十九岁，极其聪明，作为The Muse的首席执行官兼联合创始人，与另一联合创始人阿莱克斯·卡弗拉科斯（Alex Cavoulacos）一起把The Muse从针对“千禧世代”的零工网发展成了一个正在扩张到全国各大都会区的正式职位发布/搜索和职业生涯咨询在线平台，而且刚刚为The Muse筹集到了1000万美元资金。听众爆发出雷鸣般的掌声。

“听了凯瑟琳的讲话，了解到她的非凡成绩，我想我们的对话也许应该称为‘从高处跌落（Falling from the Top)’。”吉尔笑着说，“混职场，一般都会遭遇挫折、被炒鱿鱼，没有理由怨天尤人。”

作为杰出记者，吉尔强烈地感到，她不会为自己被炒鱿鱼找借口，而会坦然面对它。“我的一生都致力于通过报道揭露真相，我不会想办法粉饰这件事。”吉尔说。

不服输：站起来，继续走

即使被炒之后被“狗仔队”不断骚扰，吉尔也没让自己感到羞耻或者纠结接下来怎么办。“我真的没有想到这件事会让我这么受关注。我遛狗时，《纽约邮报》（*New York Post*）跟着我。”吉尔说，“我试着对所有这些人友善、礼貌。以身示范，对我很重要。我不能害怕得不敢动，因为这是在公共场合。之前，维克森林大学（Wake Forest University）邀请我去做毕业典礼演讲，我接受了邀请。安排这件事的人打电话给我说‘我以为你不会来了’，我说，‘我肯定会去。我真的需要展现我的坚韧，以某种方式告诉大家：我并没有一蹶不振，我对未来依然充满希望’。”

被炒后的那天早晨，吉尔去找教练上课，教练递给她一对拳击手套。她从未练过拳击，这次发现打拳竟然这么爽。吉尔让教练拍了一张她打拳的照片，通过电子邮件发送给牵挂她的子女们。“我想告诉他们，妈妈斗志昂扬。”吉尔说。

她的女儿科妮莉亚（Cornelia）把那张照片发到了照片墙（Instagram），照片疯传开来，次日成了《纽约邮报》的封面。她虽然从未打算让子女之外的任何人看到这张照片，但是高兴于让世人知道她可以“站起来，继续走”。她没被打败。她不会消失。吉尔仍然对工作充满热情，会继续前行。具体而言，她捡起了写作、报道、教书爱好。现在，吉尔是《卫报》（*The Guardian*）政治记者，正在写一本关于数字技术如何转变新闻编辑室的书。她还在母校哈佛大学（Harvard University）教新闻学。

“我很怕以记者身份给陌生人打电话并努力说服他们信任我、接受我，因为我有一段时间没做这件事了。”吉尔说，“我担心我做这件事的方式过时了，因为记者行当乃至整个新闻界正在发生日新月异的变化。”

吉尔对参加大会的所有女人承认，单飞可能很艰难、很可怕，她并不习惯单飞。“出去单干有时是孤独的。”吉尔说，“有的时候，我觉得自己正在跌出地球，也许还没人注意到。我整个一生都在新闻编辑室，身边围绕着其他记者。我怀念那种生活。”

书写新篇章：哈佛教书，家里带娃

在那次大会听吉尔讲话后近一年，即吉尔在哈佛大学带新闻学导论研讨班的第二年，我与她再次见面，地点是她位于哈佛巴克中心（Barker Center）地下室她的办公室。吉尔身上第一样让人惊讶的东西是她独特的声音。她的声音不同寻常，被人评判过、剖析过，甚至有科学家分析过她为什么有这样的声音。《纽约人》（*New Yorker*）的肯·奥莱塔（Ken Auletta）说，她的声音像带着鼻音的汽车鸣笛声，是上层阶级和工薪阶级的奇特组合。我们见面的时候，吉尔穿着简单的黑色连衣裙和开衫毛衣，很高兴当天晚上晚些时候要参加一个晚会，欢迎曾到哈佛大学办过讲座的小说家托尼·莫里森（Toni Morrison）。

头天晚上，吉尔起来了五六次，照顾她六个月大的外孙女艾洛丝（Eloise）。周一至周五，吉尔在波士顿与女儿女婿住在一起。她的女儿科妮莉亚三十三岁，女婿罗伯特（Robert）三十二岁，都是麻省总医院（Massachusetts General Hospital）的外科住院医师，工作都很辛苦。周末，吉尔回到位于康涅狄格州（Connecticut）麦迪逊（Madison）的家，她的丈夫亨利（Henry）最近受命担任麦迪逊镇历史学家。他们在纽约的翠贝卡（Tribeca）还有一个阁楼公寓，但是这些日子很少去住。

被炒之后，吉尔有意识地决定，她会继续工作，但会控制工作时间，花更多时间陪伴家人，现在这意味着帮助照顾艾洛丝。以后，除了晚上照顾外，吉尔还会接送托儿所。“我的女儿想做个好的外科医师，我要尽可能帮助她，毕竟外科医师的工作—生活很难平衡。”吉尔说。

引起重视

失去工作的第一年，是反思的一年。吉尔情绪低落，不断琢磨自己被炒鱿鱼的深层原因。“我回放以前的情境，想弄清楚我在哪里出错了，我当时忽略了什么。”吉尔说，同时告诫其他女人千万别这么做。

但是，吉尔又说，她在脑中的这种回放，还是有些价值的。通过这种回放，她发现了她的沟通风格是怎样形成的，她觉得这种风格可能造成了很大误解。“我意识到，在我的大部分职业生涯里，我觉得自己的意见不受重视。我认为，这种感觉女人都很熟悉。”吉尔说，“我经常在会上发表意见，但基本上没人听，而老板会说‘正如杰里（Jerry）所说’①。我认为我说得太多、倾听不够，而有人认为那种直率是咄咄逼人。所以，我以后要更加注意这两点。”

吉尔描述的是这么一种现象：在男人占多数的会议上，女

---

① 杰里（Jerry）是男性名字。

人人微言轻，或者更糟，明明是女人提出的绝妙主意却被归功于男人。这不仅是老派新闻编辑室的陈规陋习，而且仍然是教室、会议室甚至白宫（White House）的常见现象。奥巴马总统 2008 年上任时，其三分之二的高级参谋是男性。女性参谋不仅很难受邀参加重要会议，而且即使参加了也很难受到重视。所以女人们想出了一个很好的办法，她们把这个办法称为“放大（amplification）”。会上，一个女人发表意见，其他女人会以“正如××所说”句式重复她的观点（其中的××指第一个发表这个观点的女人）。“我们刚刚开始尝试这个办法，会坚持实施下去，把它变成一项常规。”奥巴马以前的一位助手对首次报道这个故事的《华盛顿邮报》说（她不愿透露姓名）。这个办法有用，奥巴马总统开始要求更多女性参加会议并且日益重视女性的意见。

幸存者

坚韧和刚毅是吉尔的固有品质。她是幸存者——这个词在这里取字面含义。2007 年 5 月 7 日，纽约，吉尔去健身房途中穿过街道时，被一辆运货卡车撞了。卡车轧碎了她的右脚；另外，卡车后轮碾过她的左侧身体，轧碎了她的股骨和骨盆，还给她造成严重内伤。医生在她的腿部装上钛棒，她忍受了几个月痛苦的康复治疗，从轮椅换到拐杖，再换到手杖，最终恢复健康。几年后，她甚至在《纽约时报》写了一篇关于创伤经历及其残留效应的文章。那篇文章发表不到两星期，她就被炒了。失去工作后，你也许会对人生有新的认识。但是，被卡车撞过后，你会对人生有全新的定义。

被炒鱿鱼，吉尔极为震惊，但并没惊慌失措。她走过中央公园，晚上和家人一起吃饭。她知道，不是“《纽约时报》的吉尔·艾布拉姆森”，她也能活下去。她已经有过一次大难不死的经历。

2016年期间，作为《卫报》政治专栏作家，吉尔报道了总统竞选，焦点放在希拉里·克林顿第二次逐鹿白宫。吉尔第一次遇到克林顿夫妇是在1978年，当时她在南卡罗来纳州（South Carolina）一家政治咨询公司做自由撰稿人，比尔·克林顿正在竞选阿肯色州州长。吉尔与希拉里一见如故，不仅因为两人有着相似的年龄和职业发展状况，而且因为两人受到同样的双重束缚——两个女人都因领导风格、说话语气、不讨人喜欢的性格而被人挑剔、质疑，同病相怜当然惺惺相惜。

“位高权重的女性与位高权重的男性相比，人们更常评论前者的个人品质。”吉尔说，“我认同那点，同时也想到：有些东西，在我的整个职业生涯都没改变，也许会随着女总统的诞生而改变。”

不要丢了你们的毛线活儿

1997 年加入《纽约时报》后，吉尔创造了一系列“第一”：第一位女性华盛顿分社社长、第一位女性编辑主任、第一位女性执行总编。讽刺的是，吉尔发现，从《纽约时报》高层职位被辞退后，她突然成为女性——特别是比较年轻的女性——的励志榜样。媒体大肆报道她被炒鱿鱼的事件，这场媒体盛宴在她去维克森林大学做毕业典礼演讲时达到高潮。根据媒体报道，那场令人难忘的演讲展现了一个 fierce① 的女人是怎样用刚毅、优雅、幽默来面对巨大挫折的。在那场演讲中，吉尔谈到了继续工作的重要性——好一直成长和创作。她引用了罗伯特 · 弗罗斯特（Robert Frost）1956 年在科尔比学院（Colby College）做毕业典礼演讲时说的一句话。

“他把毕业后的生活比喻成需要一直做的毛线活儿。他的意思是说，人生总有未尽事业，就像一些女人经常随身携带的毛线活儿，有时间就捡起来做一下。”吉尔 2014 年对维克森林大学毕业生说，“所以，今天，你们这些光鲜亮丽、才华横溢的人，不要丢了你们的毛线活儿。”

① 参见第 11 页注释。

大多数人一般不会像吉尔·艾布拉姆森从《纽约时报》执行总编职位被辞退那样在职场栽大跟头，但是她在维克森林大学做毕业典礼演讲时传达的讯息具有普遍启迪意义：永远不要放弃你自己，永远不要放弃经营你的人生。

“我真的信奉罗伯特·弗罗斯特的诗句。你必须自己爬起来，如果跌落之前你一直发展得中规中矩，那么爬起来试着换条路走。如果成功之路只有一条，那么人生会很无聊。挫折是试金石。”吉尔说，“我认为在某些方面，与做《纽约时报》执行总编的我相比，被炒鱿鱼的我反而更有影响力，特别是对比较年轻的女性而言。街上比较年轻的女性拦住我说，‘谢谢你所做的一切，我很佩服你’。我认为她们说的不只是做执行总编，这对我非常有意义。”

文身有故事

吉尔被炒的时候，很多人在猜她会怎么处置她背部中央的“T”字（代表《纽约时报》）。吉尔向大家保证，她会留着这个文身。它是她最近让东村一位文身师刻的，不仅刻入了她的肌肤，而且刻入了她的自我——顺便说一句，这不是吉尔唯一的文身。五十岁时，吉尔从华盛顿分社社长晋升为编辑主任，于是搬回纽约市，文了一个纽约地铁币，来纪念这个里程碑事件。她想要一个代表纽约的东西，因为喜欢地铁、不喜欢apple tat，所以文了地铁币。十年后，吉尔奔向六十岁，在背上文了“T”（代表《纽约时报》）、“H”（代表哈佛）相互重叠的图案（就是本段开头提到的那处文身）。她还文了一个南卡罗来纳州棕榈树，纪念她大学毕业后的时光——当时她和丈夫住在南卡罗来纳州，为进步党政治候选人工作。

“我把它们看成我个人的象形文字，它们都与我人生当中的某些东西有关，代表一段旅程。”吉尔说，脱去毛衣，让我看她背上的文身，“这只是一个爱好，我不知道打哪儿开始有的。我家没有谁特别赞成。我丈夫的态度是，如果你真的想要，那就文吧。”

六十岁的女人一般没有文身，但是吉尔·艾布拉姆森不是一般的六十岁的女人。她希望人们把她看成大记者：仗义执言，激励同事深入挖掘真相、无所畏惧地向公众传播真相。吉尔觉得，坐上报社最高职位很有意义，因为这样可以提携其他女性。她努力在新闻编辑室推动性别平衡和多元化改革，把女编辑比例提高到了 50%。她希望人们把她看成帮助其他女人实现记者梦的女人。她想让人知道，她知道自己并不完美。

“我不是某种圣女贞德（Joan of Arc），我想让人知道，我愿意承认我也犯过一些错误。”吉尔说。

吉尔非常享受教书时光，希望教出下一代好奇、勇敢、非凡的记者。正是这段时光让她觉得自己仍然有所作为。谈到如何度过艰难时光，吉尔想到了她的爸爸。“他总为我的成就骄傲，但更为我和姐/妹受挫后的表现自豪。”吉尔说，“他会说，在那些时期，‘挫折是试金石’。”

也许有人会说，吉尔是瘦死的骆驼比马大。她当选过《财富》“最具影响力女性（Most Powerful Women）”，是美国资历最高、最受敬重的报社记者兼编辑之一；她签下了百万美元的出书协议，在哈佛大学教书，在《卫报》做专栏作家报道政治新闻。但是，她六十一岁了，处在一个到了四十一岁就普遍觉得开始走下坡路（特别是在传媒行业）的时代。

“职业生涯道阻且长，很容易栽跟头。栽了跟头，很容易得过且过。”吉尔说，“要有耐心，因为回首过去，你会发现机会不是只敲一次门。有时，你会放过一个工作机会，因为你出于家庭或其他原因觉得不是时候。还会有其他机会的。时机、时机，在合适的时间遇到合适的机会，就要抓住了；记住这一点。”

第 6 章

恭喜你，你被炒了！

我被炒了——不止一次。第一次是在第一届克林顿政府期间，当时我在国会山为俄勒冈州（Oregon）国会议员彼得·德法齐奥（Peter DeFazio）做新闻秘书工作。在那之前，我为南佛罗里达州（South Florida）国会议员彼得·德易奇（Peter Deutsch）做新闻秘书工作。给德易奇干了一年半后，我跳槽了，到了德法齐奥那儿。德易奇给我的年薪只有2万美元，德法齐奥开出的年薪是2.5万美元。年薪涨0.5万美元，还是很有诱惑力的。毕竟，我有大学贷款要还，经济上完全靠自己，尽管与男朋友住在一起，他付房租。

答应去德法齐奥那儿时，我没意识到，德法齐奥偏向自由党而非民主党，坚持要求每一篇新闻稿都要用“德法齐奥就________问题痛殴克林顿”填空。在意识形态上，我与德法齐奥不匹配，因为我几年前在西北大学（Northwestern University）做过支持克林顿的学生组织的负责人。所以，那份工作干了半年后，在我二十三岁时，我被炒了。我既尴尬又震惊，没有继续在国会山工作，而是去了贝塞斯达（Bethesda）一家意大利餐厅当服务员。几个月后，我和男朋友结婚，背包游遍东南亚，然后搬到纽约，在那儿找到我在电视界的第一份工作——负责调研工作的助理制作人。

十五年后，我再次被炒：这次是被一个科技创业公司炒鱿鱼。公司领导告诉我是文化原因，翻译成大白话就是：他们就是不喜欢你。他们又留我做了六个月的顾问，因为他们虽然可能不喜欢我的性格，但是喜欢我的文笔。

再快进几年，我第三次被炒——这次是被一个数字媒体创业公司炒鱿鱼。公司领导告诉我，每个人都喜欢我，至少大多数人喜欢我，但是我太贵了。在我的离职告别会上，我的经理（她比我年轻，我上高中时，她还在上幼儿园）说，雇我的工资可以雇三个人。她指向一个高层人员，他成功地经营着公司的好几块业务，每块业务都价值几百万美元，但他的工资只是我的一半多一点。他才二十七岁，真的年轻有为。他们说，我真的非常“有头脑、会创新、识大局”，但找不到合适的位子给我。两相对比，就能说明问题。在“千禧世代”经营的公司，我太老太贵了，他们觉得没有“适合”我的职位，也不愿尝试为我找个“合适”的职位。他们还向我保证，我其实并没被炒鱿鱼，我们只是分手——好像是相互的，也许有一天他们准备好了，我们会再次走到一起。

用后即弃的员工

2016年4月，丹·里昂（Dan Lyons）在《纽约时报》发表文章《恭喜你！你被炒了》（*Congratulations！You're Fired*），讨论了他工作了近两年的创业公司HubSpot的古怪而残酷的文化。另外，他描述了科技界的企业文化是如何传染给其他各行各业的。

“那里把被炒鱿鱼称为‘毕业’。有人被炒鱿鱼，头儿就会给其他每个人发一封电子邮件兴高采烈地说，‘组员们，这封电子邮件只是让你们知道，×毕业了，我们期待她在她的下次大冒险中运用她的超能力’。”里昂写道。

里昂描述了HubSpot的这个离奇仪式。从事新闻工作二十五年后，他被《新闻周刊》（*Newsweek*）裁掉，之后就去了HubSpot。在《无疾而终：我在新兴互联网公司的不幸遭遇》（*Disruption*：*My Misadventure in the Start-up Bubble*）一书中，他写到了 HubSpot 类似兄弟会（cultish frat）的氛围以及 HubSpot 对待员工的方式，即把员工视为可替换、可丢弃的一次性玩意儿。可悲的是，这种对待员工的方式可能不是 HubSpot 独有的，科技公司乃至所有美国公司日益认可这一方式。在无限量供应有机小吃和比利时啤酒的现代职场，老式的职业忠诚像是老式的施乐打印机那样的古董。

“硅谷被人视为新思想和新做法的发源地，尽管这个‘新’方式实际上是世界上最古老的游戏：资本家剥削工人。”丹·里昂在《纽约时报》写道，“不幸的是，在创业公司工作，经常会遇到没有受过足够管理培训（或者没有受过管理培训）的老板，他们一时兴起就会炒你鱿鱼。年龄、种族、性别歧视，甚至性骚扰，十分普遍。”

服役期

随着科技公司对待员工的方式蔓延到传统公司，雇主与雇员之间的社会契约越来越弱。员工可能被炒鱿鱼、被裁员、被分手——委婉用词不一而足。不管用什么词，都反映了一点：工作没有任何保障了。

LinkedIn 创始人里德·霍夫曼在《联盟：网络时代的人才

管理》(*The Alliance：Managing Talent in the Networked Age*) 一书中写道，科技公司的员工可能只有一两年的“服役期”。有了更优秀、更便宜的新人，公司就会抛弃老人。霍夫曼写道，在这种背景下，你必须全盘规划你的服役期，让它向公司目标看齐，同时提升你自己。得到你所需的，做出一些成绩，准备好找下家。蜜月不会持久。要么忍，要么狠，具体取决于你有多大年纪，还可能取决于你有多依赖稳定收入。

2009 年，Netflix 提出口号“我们是团队，而非家庭”。Netflix 的这一理念，HubSpot 等公司显然早已认同：用你的时候给你投资，不用你的时候就把你抛弃。里昂还介绍了公司评估员工时使用的一个指标：超出替补球员之价值 (Value Over Replacement Player，以下简称 VORP)。这个指标源自棒球界，是球队老板给球员定价时用的。现在，它进入企业界，成了衡量员工价值的冰冷指标。显然，企业不是家庭。而且，里昂写道，悲哀的是，这类雇主—雇员关系，正在成为新常态。

在第 4 章，雪莱·扎里斯谈到她像经营家庭一样经营她的公司 OTX。她的事业根植于非常“女气”的照顾和分享理念。她的公司要求每个人恪尽职守、尊重彼此，但是没有采用 Netflix 的冷血模式，而是努力与员工维持长期关系。她营造的环境，不仅让她有工作的动力，而且可以调动她的员工及其家人的积极性。

“我打造了一个真的很有人情味的公司。它是一个家庭，好的、坏的、美的、丑的都不藏着掖着，有福同享有难同当。”雪莱说。

有雪莱做首席执行官，OTX 蓬勃发展。但是，OTX 的文化并不是创业界推崇的文化，在创业界，“精益”“效率”之类的东西备受推崇。其中一个问题是，公司想要员工绝对忠诚，但不给员工相应保障。在那家媒体创业公司，我花了几个月时间给它招兵买马，可是兵马刚刚配置齐全我就被炒鱿鱼了。可悲的是，新的雇主—雇员关系就是那样。我们所处的时代，许多行业在收缩、在转型，合格人才被裁员、被迫离职，或者更加简单粗暴，被炒鱿鱼。

准备好一次又一次重塑自我

黛布·科帕肯（Deb Copaken）告诉我，她要迟到几分钟。她住在曼哈顿西区（West Side）因伍德（Inwood），来市中心需要穿过大约 150 个街区，那条线路最近由快车调成了慢车。她正从市中心一家吉他店赶来，她去吉他店是为了给孩子们的吉他重新装弦。她有三个孩子，分别是：雅各布（Jacob），二十岁；萨沙（Sasha），十八岁；利奥（Leo），八岁。黛布也弹吉他，尽管从未上过吉他课。她看 YouTube 自学乐谱，现在能够搞定几乎任何歌曲，有时在纽约演唱和演奏。

黛布自学音乐还学得不错，也许反映了她敢想敢做、心灵手巧的 DIY 精神。黛布无畏、坦率、聪明，会煽情、不怕羞。她的娇小身材与她的犀利眼神很不搭调，这使她看起来更大、更强。黛布说她“擅长打好一手烂牌”。无可否认，她会谋事、不信邪。黛布多次重塑自我，因为她想，因为她不得不。正因为如此，所以我缠了黛布几个星期，想让她在百忙之中抽空接受我的采访。她终于答应了，于是就有了这么一幕：学校寒假最后一天，一个星期天的晚上，我与黛布坐在她舒适的厨房，她给我端上了茶和杏干，然后一边跟我说话一边给她最小的孩子利奥做一种奶酪意面。她的老大和老二已经上大学了。

那天早些时候，黛布去机场送女儿萨沙回西北大学——萨沙在那儿读大一。我们聊天的过程中，黛布接到萨沙的电话，说她已经安全抵达芝加哥，想知道她的避孕药是否到了她的宿舍。黛布向萨沙保证，她的避孕药应该已经寄出了，会跟收发室核实一下。挂掉电话后，黛布向我讲述了历时六个月为十八岁女儿办理避孕险的艰难历程。我们当时正好谈到女性在避孕和避孕险方面遇到的困难，毕竟性别歧视、性、健康保险是黛布经常写到的话题。但是，黛布最出名的一点可能是写了2000年《纽约时报》畅销书《快门宝贝：爱情与战争历险记》(*Shutterbabe：Adventures in Love and War*)。这不是一本风月小说，而是一本回忆录，回忆的是她的战地摄影记者生涯：20世纪80年代末，她刚从哈佛毕业，到一家总部位于巴黎的公司做了战地摄影师，报道阿富汗、海地、俄罗斯、津巴布韦等地的冲突。

《快门宝贝》详细记述了黛布的历险记，即在互联网、手机还没问世的年代，通过相机镜头捕捉历史和战争的瞬间。这本书还用大胆、香艳的文笔详细回忆了黛布在这段时期的露水情缘。在这本书中，黛布还谈到了她遭受的性别歧视，以及一名年轻女性在前线附近遇到的尴尬。《快门宝贝》的开场片段之一是：黛布与一群阿富汗自由战士一起窝在卡车上，来了大姨妈；她塞到背包的卫生棉条浸湿了、爆开了；她被放在路边，流着血，只有临时卫生用品。

黛布提醒我，媒体对《快门宝贝》毁誉参半。她给我看了《谈话》(*Talk*)杂志里一篇让她心有余悸的书评。这篇书评是一位女记者写的，里面有些语句恶声恶气，把黛布的形象概括为一个写作能力有问题、喜欢自夸、比较自恋的无聊妈妈。更糟糕的是，里面还有一些语句尖酸刻薄，把黛布作为荡妇来羞辱，暗示她在大学毕业前夕的约会强奸遭遇是她自找的。黛布在《快门宝贝》结尾处写道，她最终选择做妈妈，放弃满世界乱窜报道饱受战争蹂躏的国家。而正由于这个故事转折，另外一个人（这次是个男人）在另一篇书评中说黛布是“女权主义的叛徒”。“荡妇”和“叛徒”，都是骂人的话。那些评论当时深深刺痛了她，现在仍然让她不堪忍受。

“《快门宝贝》的书评出来时，我第一次在床上蜷缩得像个胎儿一样，感叹这个世界对想要成功的女性太刻薄。”黛布说，“对想要成功的母亲尤其刻薄，对想要成功的非传统角色女性尤其刻薄。”

但是，《快门宝贝》是黛布的宝贝，即使书名很不合她心意。她自豪于写了这本回忆录，自豪于这本回忆录给女性读者带来了强大的积极影响（那些读者仍然时常写信给她）。黛布说，她想把回忆录叫作《大妓者》（*News-whore*）。“whore”在新闻界与性无关，而是说像秃鹰盯腐肉一样执着挖掘真相的记者。黛布想改变人们对“whore”的看法，就像几年后莉娜·邓纳姆在 HBO 成功改变人们对“衰姐们（girls）”的看法一样。但是，出版商没有如期出版《快门宝贝》，《快门宝贝》搁浅了。过了这么多年，谈起《快门宝贝》，黛布仍然有些难堪。

活出精彩，活得响亮

那本书从许多意义上来说仍然定义着黛布，但她真的反对任何定义。写回忆录只是她的成就之一。我问黛布今天怎么介绍自己，她走到客厅，拿起一张名片，然后在她的 iPhone 上看着她的脸书个人资料。她可能是艺术家、作家、故事家、摄影师、编剧、演员或其中任意几项的组合，具体取决于她面对什么人、想找什么工作。她并非只能放到一个模子里，我们当中许多人也一样。黛布活出精彩、活得响亮，那是我在这里采访她的部分原因。事实上，要不是她自己公之于众，我是不可能知道她的那些起伏、转型、转变的。她不怕有话直说，即使这样做不礼貌——特别是这样做不礼貌的时候。2013 年，黛布为《民族》(*The Nation*) 写了一篇文章探讨文学界的性别歧视。她的朋友警告说，那篇文章可能会永远毁掉她的写作生涯。她不信邪，还是拿去发表了。黛布说，由于那篇炮轰文学界的文章，很有可能再也没有传统出版商会为她出小说或回忆录了。她认为，她得罪了出版机构，断了太多后路。但她不后悔。

我认识黛布是在战争之后、《快门宝贝》之前，当时她在 NBC 日界线做副制作人，已经有了很大名气：做过战地摄影记者的牛人。她还结婚了，有两个小孩。1997 年 8 月，戴安娜王妃（Princess Diana）在“狗仔队”追逐中丧生。日界线执行制作人知道黛布认识被捕的摄影师，于是打电话给她，让她飞往伦敦（London）。当时，她刚生第二个孩子（女儿），在休六个月无薪产假，需要每隔几个小时喂奶一次。尽管如此，她还是接下任务，上了飞机。糟糕的是，她忘了带吸奶器。横穿大西洋时，她在揉胸挤奶。黛安娜事件不久之后，黛布决定离开新闻界，那一行需要随时出差，很难照顾好小孩。她有一些朋友靠出书挣了大钱，她也想试一试，因为她一直想把自己的战地摄影记者生涯写成小说或回忆录加以出版。没过几个月，黛布就把《快门宝贝》出版计划卖给了兰登书屋，得到的报酬是她在日界线的工资的两倍。

过去十年，我一直在有意无意地关注黛布的发展。我看到她上《今日秀》，宣传她的新书，或讨论她的育儿文章。我在《纽约时报》几个专栏读到有关她的报道，多多少少了解她的生活近况，从她活跃在五花八门的社交圈，到她敢为人先搬到黑人聚集区哈莱姆（Harlem）。我读过她为其他出版物撰写的文章。然后，2014 年 11 月，我的脸书新闻馈送栏突然出现了黛布在女性网站 Cafe.com 发的帖子“我到 The Container Store[①] 找工作如何被拒”。这个未加粉饰、用语辛辣的帖子，完全出

① 美国家居零售 O2O 企业。

人意料。我和其他人都很困惑：黛布·科帕肯怎么会遇到这种事？

祸不单行

那个帖子写的是，黛布申请 The Container Store 的假期迎宾工作但被拒了。背景是，黛布刚刚丢了一家健康与养生网站的编辑工作，又被诊断出乳腺癌，她本人和孩子都急需医疗保险。正在绝望之时，她收到了一封貌似垃圾邮件的电子邮件。那封电子邮件是 The Container Store 发来的，目的是为一份假期迎宾工作招人。那份工作提供医疗保险等福利，黛布对这一点特别感兴趣，于是提出申请，结果被拒了。就像许多作家以自身经历为素材一样，她在上述遭遇的刺激下发了一篇帖子。

帖子开头如下：

> “去年，在十个月的时间里，我遭遇了如下事情（严格按顺序描述）：我与结婚近二十年的丈夫分手了，经济不景气，他失业了，搬到这个国家的另一头自谋生路，留下我独自一人抚养两个还未成年的孩子；我放弃了写到一半的小说，在一家健康与养生网站找到一份提供医疗保险等福利的执行编辑工作；我的儿子开始上大学，我家空出

一个房间，我把那个房间租了出去，好减轻房租负担——新房东又涨房租了，每月又多收了900美元，他们就是有权利这么做；我被诊断出0期乳腺癌；我所在的公司正准备上市，我上岗的第一个月就看它裁掉了几十人；之后，我得到通知说，我的职位也被砍掉了；癌症没让我丢掉性命，但是我丢了工作。然后，我再也付不起那套房子的房租，于是带着剩下的家人搬到了更小的破房子里。”

在那个帖子里，黛布继续详细讲述她断了医疗保险等噩梦般的经历。然后，她丢出一句话（这句话上了头条，引来争议，使得各大网络电视台纷纷采访她）：

“因为，真的，如果从哈佛大学毕业、得过艾美奖、作品上过《纽约时报》畅销书榜单的人在The Container Store找不到迎宾工作——也不能在其他地方找到其他工作，不管我多么努力——那么我们都离死不远了。”

帖子疯传开来。许多人在里面看到了自己。经济不景气，谁也没保障，大家都很脆弱。当然，也有许多批评和质疑的声音。有人说，黛布是无病呻吟。有人说，如果黛布真的想在The Container Store找到工作，那么她不该在简历里提她的哈佛毕业生身份。还有人说，为什么得过艾美奖的制作人就应该能在 The Container Store 找到迎宾工作？

在这些恶言恶语和幸灾乐祸的人中间，也有一些人对一个刚与丈夫分手、带着三个孩子、顽强抗癌、艰难度日的母亲深表同情。这个帖子也引起我深深的共鸣。我也曾被迫辞职或被炒鱿鱼，之后心急如焚地找工作，次数多得我都记不清了。我在线投简历，申请过许多初级的职位。我的生活，很少不为工作奔波、不为金钱烦恼。

黛布写那个帖子，并不是简单地骗取点击量，而是为了引人关注像她一样的女性所面临的困境。黛布确实身陷困境。尽管她刚在 Cafe.com（她在 The Container Store 找工作被拒的帖子就发在这个网站上）找到一份写手工作，但是那份工作全职做下来一年只有 34000 美元。在纽约市拿这个工资实在是太低了，即使是对工资整体偏低的博客写手而言也很低。但是，黛布还是接受了那份工作，因为她本人要治疗乳腺癌，还要带孩子看医生。她的计划是，在这份全职工作之外，再打些零工补贴家用。

“我以为我还可以再打八百份零工。先找份正规的，续了医疗保险再说。”黛布说。

黛布发那个帖子，产生了一定的效果。发了那个帖子的第二周，Cafe.com 立即给黛布涨了工资。“我认为，他们认识到了，如果不给我相称的工资，就会失去我；只要有人问我拿多少工资，我就直说 34000 美元，这对他们真的是很坏的宣传。”黛布说。

“后来，我发现，一个男的，跟我一模一样的职位，每年挣 200000 美元。他是编辑兼写手，跟我一样。所以，我的工资立即涨到了 80000 美元，不过还是低得可怜。我一直说，‘这个工资我做不到，我做不到’。”

黛布真的很拼。她没有无病呻吟，她非常努力。

打好一手烂牌

“去年，我一般早上四点醒来，写书或写剧本，之后上班八九个小时，然后回家，喂孩子，帮女儿申请大学，一晃就到了晚上九点钟，之后我还要做其他事情，比如编辑我白天拍下的照片。”黛布说，“有的时候，我会翘班做兼职。我翘班一般是在午餐时间，借口说要去见客户，实际上是去给朋友拍照片。至于假期，我在 *Good* 杂志接了一个活儿，去巴黎出差。这样，我不仅可以带孩子去很酷的地方度假，还可以得到 5000 美元报酬。我擅长打好一手烂牌。”

在 The Container Store 找工作被拒帖发了不到一年，黛布被炒鱿鱼。她的老板告诉她，Cafe.com 正在改弦易张——Cafe.

com 改名成了 Mid. com，之后被 Scary Mommy 买下、兼并，Scary Mommy 是一家有着不同格调和受众的网站。她的老板还表示，他们付不起她的工资，即使她的工资仍然低于 100000 美元每年。

“你很贵，我的老板告诉我。”黛布说。Cafe.com 的启动资金，显然是靠她的老板自掏腰包。Cafe.com 发展起来后，她的老板开始吸引投资人。这个时候，她的工资，尽管按纽约标准仍然很低，但是对网络写手来说却很高，于是在资产负债表上特别显眼。

我告诉黛布，我最近遇到了类似的事情。一家公司炒我鱿鱼，理由也是我太贵了。那家公司的员工绝大多数是“千禧世代”，他们的工资只有我的三分之一。可是，他们的经验也只有我的三分之一啊。

“美国公司正在以控制成本为由清退经验丰富的大龄员工。这一切，我不知道该如何应对。”黛布说。

应对之道也许是做多份工作，多留几条后路。黛布说，2015 年，她主要做了六份工作：在 Cafe. com 做全职写手/编辑；做自由摄影师兼作家；为《快门宝贝》写剧本——那时《快门宝贝》已在多年期间转手多次；还出了三本书，即《成年入门》（*The ABCs of Adulthood*）、《育儿入门》（*The ABCs of*

Parenthood）、《爱情入门》（*The ABCs of Love*）；她还在全球领先的传播营销公司爱德曼（Edelman）做健康主题副主编（Vice President Deputy Editorial Director for Health）。

“2016 年，不做七份工作，就活不下去。”黛布说，“你必须学会做复合型人才。不管你以前学的是什么，不管你现在有什么技能，你都必须学习新的东西、新的技能……也许要不断地学习。”“除了脑外科手术那样的事情外，我们都有能力做成任何事情。脑外科手术那样的事情，你真的需要非常刻苦才能学会。但是，基本的生活技能和基本的创作技巧，任何人都可以学会。我们处在一个神奇的时代，因为我们可以在 YouTube 或谷歌学习那些东西。”

为了证明这一观点，黛布把我带到她的客厅，那里的沙发上方挂了一幅很大很美的油画。

“这是我刚刚画的。”黛布笑着告诉我。

黛布最近看了弗兰克·斯特拉（Frank Stella）的作品展，想知道他是怎么用遮蔽胶带进行创作的。于是，她去 YouTube 寻找答案，发现原来他用了一种特殊的凝胶。然后，她意识到，如果画出边框，那就不需要裱画了。她画出的边框，效果不比裱出的差。

“我认为，一个人天生的智力水平并不重要，重要的是相信自己能够做到并且愿意去学。”黛布说。

像我们其他人一样，黛布有时也有迷茫感，甚至愤懑感。但是，这些感受并没妨碍她向前看，弄清需要做些什么才能向前进。她的诀窍之一就是，保持知名度。在社交媒体界，知名度就是一切。今天，你真的有必要让大家认识你。这样做的目的，与其说是表现自己，不如说是寻找更多机会，成为他人心中的第一人选。

“我并不喜欢自我推销，但还是硬着头皮去做。这个事很难把握分寸，搞不好就惹人厌烦。”黛布说，“我必须被人喜欢，只有这样才能发展我的事业。今天，你不能不混社交媒体。今天，你不能不做品牌。你必须做你自己的贵人，因为没人给你做。”

装嫩点

在采访黛布两个月后，我在脸书上看到，她向爱德曼请了两个星期的假，以编剧/顾问身份去洛杉矶参与制作电视剧《装嫩点》（*Younger*）。这部电视剧的主角是丽莎（Liza），四十一岁，离异妈妈，有个十几岁的女儿，因为前夫不再支付抚养费，所以突然需要出来工作。丽莎意识到，四十岁重返职场真的很难，所以决定装嫩——假装年轻很多。丽莎最好的朋友帮她大换造型，让她假装二十六岁。再见四十几岁，你好二十几岁！看起来年轻很多后，丽莎信心大增，在一家出版社找到一份编辑助手工作。这是一部典型的家庭妇女重返职场的情景喜剧。

有趣的是，得知我在写这本书，好几个人建议我看看《装嫩点》。这算是一个巧合吧。黛布以编剧/顾问身份参与制作《装嫩点》，与备受好评的执行制作人丹伦·斯达（Darren Star）合作，好像也是一个巧合。但是，正如我们从第 3 章了解到的那样，黛布能够得到这份工作，绝不是因为撞了大运。她为自己筹划了这次奇遇。

黛布说，她与丹伦·斯达 2001 年就相识了，当时他为梦工厂（Dreamworks）买下了《快门宝贝》的影视剧改编权。他们一起出差去巴黎做考察，成为朋友，一直保持来往。

“最近，我们一起吃晚饭，他问我中年离异女子的生活是怎么回事，我跟他讲老牛吃嫩草的趣事。于是，他让我给《装嫩点》写剧本、做顾问。”黛布说。

黛布敢于尝试新东西，经常摸着石头过河。这一招不仅让她能发展自己的爱好，而且让她能养家糊口。她明白不断学习、与时俱进的重要性。正如她所说，我们生活的时代，几乎任何东西都可从谷歌或 YouTube 学到。而且，我们的学习方式还可以是上在线教程、参加工作坊、到大学充电，甚至是向社交网络里的人请教。与其站在原地纠结或担心被社会淘汰，不如坚持学习——你能在最初所受训练的基础上，学到远远更多的东西。事实上，关键是创造机会。

正如我们将在下一章继续了解的一样，要想创造机会，你必须与时俱进、积攒人脉、多留几条后路。

第7章

笑对失败

“人生不可能没有一点失败，除非活得万般小心，以致没有真正的人生——那本身就是一种失败。”

——J. K. 罗琳（J. K. ROWLING）

“如果你还没失败过，那么你一定没有尝试过任何东西。”四十岁的拉什马·萨贾尼（Reshma Saujani）实事求是地对我说。当时我们坐在“编程女孩（Girls Who Code）”纽约办事处一间毫无特色的小会议室——她是“编程女孩”的创始人兼首席执行官。拉什马知道失败乃至公然失败是什么滋味。2010 年，三十三岁的拉什马参加纽约市民主党初选，作为第一位竞选国会议员的印裔美籍女性上了头条。热情、聪明、上镜的拉什马，积极筹集资金，用心经营媒体形象，努力争取纽约商界和科技界大腕的支持，但最终惨败给了人气很高的届时在任国会议员卡罗琳·马洛尼（Carolyn Maloney）。“太丢脸了，”拉什马说，“我觉得自己让大家失望了。”

失败后郁郁寡欢是人之常情，但是拉什马并没放纵自己沉湎于这种情绪。她不因失败裹足不前，而是从失败中汲取教训。她觉得失败是人生的必经之路，坚持下去就会离成功越来越近。毕竟，她被耶鲁法学院（Yale Law School）拒绝了两次仍没放弃，第三次终于被录取了。不出所料，那次竞选失败，拉什马也恢复过来了：三年后，担任纽约市副公设辩护人的她，重振旗鼓竞选公设辩护人。这次竞选，她又失败了。一连的失败并没打倒她，她反而越挫越勇。她知道这场仗不好打，而且，她做好了打硬仗的准备。

三次为定

“我从未一两次就成功，一般三四次才成功。”拉什马说。拉什马辞去华尔街对冲基金律师工作首次竞选国会议员，实际上是受到了2008年总统大选希拉里·克林顿败选演讲的激发。拉什马说，当希拉里在华盛顿特区对几千名支持者讲话时，她觉得希拉里是在直接对她讲话。

“如果因为我的功败垂成，让你们在以后追求自己的目标时丧失勇气，我会万分难过。”希拉里·克林顿对她的支持者说，“始终志存高远，勤奋工作，执着信念。跌倒了，仍然坚守信仰；被击倒，马上站起来，绝不要听任何人说你不能或不该继续前行。”

这些话引起了她的共鸣。

“她说不能仅仅因为我失败了就意味着你不该尝试。”拉什马说。

拉什马 2010 年竞选国会议员，尽管民意调查结果表明她的支持率低得可怜，但她还是去了。她太想当上国会议员了。1972 年，拉什马的父母被驱逐出乌干达（Uganda），以政治难民身份来到美国，之后生下拉什马。在伊利诺伊州（Illinois）长大的拉什马，深刻地领悟到有必要维护社会正义、推进文化多元化。拥有哈佛大学公共政策硕士学位和耶鲁大学法律学士学位的拉什马，非常适合从政。她说，她很早就开始领导多元化意识增强运动，十二岁就第一次组织了游行活动。

尽管竞选失败令人痛苦，但是拉什马在竞选巡游中的一个发现让她萌生了投身公益事业的想法。这个发现就是，纽约市公立学校少有女孩选修计算机科学课。于是，她在竞选中承诺加强计算机科学教育，后来于2012年成立非营利组织“编程女孩”。“编程女孩”的使命是，缩小科技领域的性别差距。在谷歌、推特、微软（Microsoft）和脸书的帮助下，它向全国低收入家庭女孩提供免费计算机科学教育。它有一个宏伟目标，即到2020年前让一百万个女孩学会编程。“十年前，如果有人问我会不会经营一个非营利组织，那么我的答案是绝不会。那不是我立志要做的事情。”拉什马说，“如果有人问我会不会成立一个组织来缩小计算机科学领域的性别差距，那么我可能会发笑，因为我不是程序员。从许多意义上来说，我之所以走到今天这步，是因为我刻意选择去做的事情并没做成功。”

走到今天这步，并不容易。

“第一次竞选国会议员失败后，我斗志更强了。我积极寻找下个机会。”拉什马说，“但是，竞选公设辩护人失败后，我非常痛苦。我做了一切努力，我的竞选演说没出错，我只是没有赢。我好像，该死的，也许我就是不适合竞选，也许我不该再竞选了。”

走出失败的阴影

政治生活影响个人生活，参加竞选代价惨重。拉什马一边努力竞选，一边努力怀孕。在竞选公设辩护人期间，她流产两次。之前，她也流产一次。“我坚持走下去的原因之一是，我不想沉湎于悲伤中一蹶不振。”拉什马说，“我认为女人害怕的就是一蹶不振。如果我尝试了但是失败了而且一蹶不振，那要怎么办？”

现在，拉什马有一个儿子，十个月大，名叫沙恩（Shaan）。她敏锐地察觉并积极地反思自己面对失败、重新振作的方式。她明白，只有让自己振作起来，才能继续走下去。“有些女人，因为害怕一蹶不振，所以根本就不尝试。我训练自己振作起来。我现在知道，遭遇挫折，我需要做的是振作起来、继续前进。我知道失败不会让我崩溃。”拉什马甚至有一份失败后悲伤议定书，里面规定了一套仪式。人们常常问她，两次竞选失败，两次申请耶鲁法学院被拒，她是怎么熬过来的。“我们去印度的一个静修处，喝个痛快，发发牢骚，回顾所发生的点点滴滴，看看有没有别的方式去做那些事情。”拉什马说，“三个月后，我就好了，走出了失败的阴影。我认为，有必要给自己划定一段时间用于悲伤和哀悼，然后振作起来，继续前行。”

不要完美，要勇敢

拉什马无疑正在冲锋陷阵。她登上《财富》“40 位 40 岁以下俊杰（40 Under 40）”榜单，荣获《华尔街日报》(*Wall Street Journal*)“创新者”和《广告周刊》(*Adweek*)“有影响力年轻人（Young Influentials)”称号。2016 年 2 月，拉什马发表 TED Talk，主题是我们需要教导女孩敢于冒险而非追求完美。在竞选经历的激发下，拉什马写了一本书：《不甘等待的女人：打破成规，引领道路》(*Women Who Don't Wait in Line*：*Break the Mold*，*Lead the Way*)。该书谈到了敢于冒险和笑对失败的重要性，还谈到了女人需要导师——能够帮其晋升的人。拉什马说，竞选国会议员期间，她发现许多女人竟然因她与另一女人竞争而难过。“等待轮到自己，等待被人垂青——我认为这种等待思想就是女人止步不前的原因。”拉什马说，“女人迟迟不行动，就是因为想要等到十拿九稳之时，殊不知这样会错过许多机会。”

心态重于技能

拉什马认为，敢于冒险、百折不挠是女人必须修炼的品质。她认为，成功较少取决于技能，较多取决于心态。“我做过律师，参加过竞选，在政府部门工作过，现在领导着一家非营利组织——我做过多种多样的事情，而从来没人教我怎样做这些事情。”拉什马说，“我认为，那种相信自己可以做成任何事情、应对任何挑战的心态，以及‘先假装，直到成为真的’策略，真的很重要。”

拉什马说，正是失败让她走到今天这步。竞选经历，让她做好了创业准备。作为候选人被人挑三拣四，让她的脸皮厚了很多。“没有什么比竞选更可怕。”拉什马说，“你必须做自己不齿的事情，谈论自己、夸耀自己、卖力拉票。你要被人评判、斥责。”

现在，拉什马以帮助其他女人为己任。她说，女性互助是新女权主义。我们有义务相互扶持。“我认为，我们这一代女人是不同的，不是只守着自己的一亩三分地。”拉什马说，“我认为，我们并非只能相互竞争，因为我们都有足够的发展空间。我们必须毫不犹豫地支持其他女人，慷慨地向她们开放我们的社交网络。”

像第 3 章的阿米拉图 · 搜和她的“科技女人帮”、第 4 章的蕾切尔 · 斯科拉尔和她的“改变比例”与 The Li.st 一样，拉什马明白女性互助的重要性，于是把她的关系网主动分享给其他女人，积极鼓励圈子里的女人互相帮助。从根本上讲，我们的共同未来取决于我们的相互扶持。拉什马把“编程女孩”做得有声有色，说它“像独角兽、像彩虹”。她说，那些聚到一起帮助其他女孩的人，最好地诠释了仁爱。你可能认为，竞选公职失败的拉什马，应该会惊讶于自己竟能做好“编程女孩”。但是，她并不惊讶。

“成功有时来得容易。我确实经常费尽周折才得偿所愿（甚至仍不如愿），但在这件事情上不是这样。”拉什马说，“这不是小说，这是现实，有很多真真切切的人与我一起奋斗。有时，在恰当的时间想出恰当的点子，你就能成功。”

如果时机是决定因素（或至少是关键因素），那么拉什马可能正好在恰当的时间处在一个恰当的位置。她能做成“编程女孩”，没什么好奇怪的。她看到了需求，想予以解决，于是创建了一个组织，而且得到了科技界大腕的支持——那些大腕是她在竞选期间结交的。拉什马一直希望给世界带来一些变化，现在正在努力做这件事。“我在非营利领域是独一无二的，因为我没有耐心。”拉什马说，“我想要动作快点。”

一段创业故事

碧·亚瑟（Bea Arthur），三十一岁，一个具有超凡魅力的非裔美国女人，正好与《黄金女郎》（*Golden Girls*）的主演同名。她的父亲给她取这个名字，是为了纪念他的教授，而那个教授恰好与那个演员同名。她住在纽约市切尔西区

(Chelsea)，那里的很多同性恋是《黄金女郎》的剧迷。她说，整天、每天都有人问她的名字是怎么来的。“每当有人问起，我会说我的名字实际上来自一个高大英气的白人女性。”她笑着说。尽管如此，她并不回避与电视明星同名的事实。“人们把我与一个来自迈阿密、演了很多电视的古怪犹太老太太联系起来，我并不讨厌这种联系。”碧说。

这个碧·亚瑟给人的印象一点都不古怪。她笑容灿烂、感染力强，能一下子把人吸引住。碧出生在休斯敦（Houston），家里一共五个孩子。碧说，她继承了父母的企业家精神。碧的父亲拥有公共卫生博士学位，是休斯敦市卫生部门免疫事务负责人。他最近退休了，在加纳（Ghana）买了一个木薯农场，打算用来做葡萄糖浆进出口生意。碧读七年级时，碧的妈妈开始办私人护理院，现在在休斯敦地区经营着十二家私人护理院。

碧拥有哥伦比亚大学（Columbia University）心理咨询和临床心理学双硕士学位，是持有执照的心理咨询师。为了获得执照，她在医疗补助服务中心辛苦工作近五年，帮瘾君子戒毒。碧觉得那份工作太累了，之后就跳槽到菲加斯健康服务系统妇女与家庭中心（FEGS Center for Women and Families）的家暴救助部门。她喜欢这份工作，乐此不疲地帮助遭遇家暴的女性维护权益。在那儿工作期间，碧意识到每个人都有权以实惠价格匿名接受心理治疗："我寻思，很多见不得人的事情都能在互联网上进行，为什么心理治疗不能？很多人对心理治疗充满好奇，想要尝试一下，但不少人觉得看心理医生是见不得人的事情。我想，不如利用这一点来做在线心理治疗吧。"

碧的愿景是通过心理治疗让来访者获得力量、预防心理疾病。不要等到陷入危机才想起心理治疗，而是让心理治疗进入日常生活。她读过一篇文章，那篇文章说：日本有一个瓷器店，你可以去买盘子杯子后砸掉，以缓解压力；你砸完可以直接走人，店家会清理。碧觉得这个主意不错，打算借鉴一下。具体而言，她想打造一种模式，让人可以随时随地获取心理治疗，以走出困扰、缓解压力、调节情绪。像经常去健身房一样经常接受心理治疗，有助于心理平衡和心理健康。关键是，匿名、实惠、方便。"人们认为弱者才需要心理治疗，但我想让心理治疗成为一种大众必需品。"碧说，"我想采取健身房那样的会员制，收取月费。我得避免使用心理健康一词，那很容易让人想到心理疾病。人们认为问题太多或问题太少的人才需要心理治疗，但是介于这两个极端之间的人也是需要的。"

与你同在

这是碧第二次创业。几年前，碧在给人看小孩挣零花钱期间意识到，许多抱有雄心大志的女人退出职场做全职妈妈后，会突然生出落寞感，渴望与大人交流。于是，碧在上东区（Upper East Side）租了一栋小楼开了“与你同在（Me Too）”，吸纳全职妈妈做会员，给她们提供聚会场所，而在她们聚会期间，为她们看护小孩——小孩也在那栋小楼里。碧为这项业务找到了一个投资人，但是她的入场时间不对。那是 2007 年，经济正在崩溃。那些全职妈妈的丈夫们，大多从事金融行业，遭遇金融危机纷纷失业。收不到每人 500 美元的月费，碧连小楼的租金都付不起。“与你同在”开业不到三个月就倒闭了。

“我做那件事情，没告诉任何人。事情黄了后，我郁郁寡欢。我应该看心理医生，但是不敢去看，因为我已经背负了太多债务。”碧说。

做心理治疗师的她，用不起她所需的心理治疗。真够讽刺的！这一现实对她触动很大。“我这个心理治疗师都用不起，一般人岂不是更用不起。”碧说。

漂亮咨询室

在这一经历的激发下，碧创建了“漂亮咨询室（Pretty Padded Room）”，一个让人人都能获取方便而实惠的心理治疗的在线平台。2011 年 2 月，仍在菲加斯健康服务系统妇女与家庭中心工作期间，碧与另外五名心理治疗师一起创办该公司。她们各有一门专长——按她的说法是各有一样“超能力”。碧瞄准了“千禧世代”，厚着脸皮邀请她们入会，向她们推荐心理治疗。连“漂亮咨询室”这个名称也利用了心理治疗的污名——不是觉得心理治疗见不得人吗，那就直接叫咨询室好了。感兴趣的人，可以首先观看视频，了解心理治疗是怎么一回事。保密而方便。她想表明，并非只有身陷严重危机的人才需要心理治疗，心理治疗对每个处在人生十字路口的人都有帮助。

“漂亮咨询室”最初免费提供心理治疗，立即得到媒体盛赞。但是，碧不能放弃自己的全职工作，那样做代价太大。她白天去菲加斯健康服务系统妇女与家庭中心上班，晚上去布鲁克林（Brooklyn）为网站编写文案、画线框图。她说，她费尽心机、想方设法给自己打广告，因为她没钱请人做这件事。碧还懂得利用人脉，让其他女人在社交媒体上给她做宣传。“我学会了借用她们的粉丝，让她们为我代言。”碧说，“只要与她们的品牌和使命相符，不与她们直接竞争，那就没有问题。”

碧是心理治疗师，不是程序员。她从未在科技公司工作过，没有建网站的经验。但她很快意识到，她的咨询事业得靠科技手段来壮大，她需要学会使用科技工具。“我从未把它视为科技创业公司。”碧说，“我生在企业家世家，以为自己不过是在经营一家咨询公司，但实际上是在经营一个没有科技人员的科技平台，一个简陋的网站。头 14 个月，我们的视频没起什么作用，但我知道我们还是有些收获的，因为有人在试着注册成为会员。”

与鲨鱼共游

碧还在极力争取资金和投资人。2013 年，她上了 ABC 的《鲨鱼坦克》(*Shark Tank*)[①] 节目，希望为“漂亮咨询室”筹到资金。这次电视真人秀经历，让碧大受打击。她说，她仍然觉得录节目的那天是她一生当中最糟糕的一天。

“上那个节目，就像走在巷子里突然被一群人袭击。”碧说，“超级残酷，没有什么办法让你准备好承受那种级别的人身攻击。想象一下，你满怀希望地推介你人生当中最重要的项目，却遭到五个人的批评。他们问我是否还没毕业（潜台词是怎么会有这么幼稚的想法），吧啦吧啦说了一堆。他们得多卖力才能那么刻薄。录过节目后，我经常背着人流泪。”碧上《鲨鱼坦克》没有得到她想要的支持，但是评委的意见迫使她

① 鲨鱼坦克（*Shark Tank*），又称创智赢家，是美国 ABC 电视台推出的发明真人秀节目，是让发明创业者展示发明和获取主持嘉宾投资赞助的平台。——译者注

去弄清她的事业短板。

两年后，碧成为 Y Combinator 的学员。Y Combinator 是位于硅谷的著名创业孵化器，宗旨是扶持创业公司并为其提供创业指南。Y Combinator 的学员大多是男性，碧是少数女学员之一，而且是第一个非裔女学员。这次 Y Combinator 学习经历，也给碧带来很大震动。碧一方面从中学到了很多创业必备技能，另一方面从中了解到科技界存在的巨大性别差距。在科技界，女性很难得到认真对待，也很难获得融资机会。碧发现，性别而非肤色，是更大的进入壁垒。

“如果你是黑人男子，那么他们会认为你做的事情很酷；如果你是女子，那么他们认为你要做的不过是一家生活方式公司。创业并不容易，98%的创业公司失败了。女人创业更不容易，在克服创业通常会遇到的困难外，还要对抗莫名其妙的性别歧视。这真让人气愤。”碧说，“自从我创业以来，我为这事不知道生过多少气。我祖籍加纳，在得克萨斯州（Texas）长大。两地都有着浓厚的男权文化，可是都比不上科技界的。我在科技界遭遇了人生当中最严重的性别歧视，然后是性骚扰。那里有很多潜规则，你得不到认真对待。他们会敷衍你说，‘你的想法太零碎了，但是别泄气，继续努力’。我筹集到了五十万美元，每一块钱都来之不易。”

2014 年夏天在 Y Combinator 待了三个月后，碧掌握了一些工具来真正壮大她的事业。Y Combinator 的导师教导说，你得弄清你想要达到什么高度，然后表现得就像你已经达到了那个高度。站得越高，视野越开阔。在 Y Combinator 学习期间，碧把公司改名为“心中一隅（In Your Corner）”。她说，男人对“漂亮咨询室”那个具有讽刺意味的名称一点都不感冒。

2015 年 2 月，碧正式以新名称重新推出她的公司。这次经历简直是个噩梦。招来的员工，有几个并不合适，让她浪费了时间和金钱。网站的运行老是出问题。她丧失了斗志，不再指望有人给她投资。她还情绪失控过。“我对自己的产品无能为力。”碧说，“我恐慌发作，痛苦不已，但没有办法调整过来。创业有很大压力，很多创业者陷入抑郁。有时还会看走眼，空欢喜一场。”

碧的坦诚直言令人耳目一新。媒体充斥着创业成功的故事，时常听到谁谁谁二十多岁就把奇妙的创意转变成了巨大的回报。但是，现实要黯淡得多，大多数人创业失败了。创业难，女人在科技界创业尤其难。

尽管创业失败，但是碧从中总结了很多经验教训，在做心理教练兼心理治疗师期间经常把它们分享给其他女人。

“如果你想创业，那么你必须有闯劲、有勇气，还要脸皮厚。”碧说，“你不能害怕尴尬，你不能害怕失败。”

有时不能不信邪

我们第一次谈话一年后，碧在脸书上心痛地宣布，经过兴奋紧张、心力交瘁的五年，她即将关闭“心中一隅”。她的公司彻底失败了。从碧的那条消息中，我可以感受到她的每丝情绪。《福布斯》说她是“科技界的碧昂丝”，*ELLE* 说她是“科技界值得关注的女性（Woman in Tech to Watch）”，《快公司》（*Fast Company*）说她是“东山再起之秀（The Come back Kid）”。碧曾在专家小组、大会上、电视上讲过话，甚至为 The Limited[①] 2015 年秋季举办的创新女性服装营销活动站过台。但是，她办公司并没占到天时地利，大家也不看好她的公司。尽管扭亏为盈了，但碧年复一年总是无法获得所需的资金来维持公司的持续发展。

碧在脸书上发了那条消息两周后，我和她见面了。

“我在坐沙瓦。”碧笑着说，借用了犹太人哀悼死者的用语。那段时间，她经历了大悲大喜。2014 年夏天，碧学完 Y Combinator 课程，之后在旧金山待了一段时间。一位著名的女

① The Limited，是美国一家超大型上市公司，于 1963 年创办了第一家 The Limited 淑女服装专卖店，主营时尚长裤、牛仔裤、衬衫、毛线装等系列。

投资人兼创始人邀请碧去她在帕罗奥图（Palo Alto）的花园式后院吃早午餐。碧兴奋不已，她刚学完 Y Combinator 课程，正渴望实战派人士的指导呢。她没有得到指导，而是得到了警告。“我真的喜欢你，但是你在这里混不开的。”碧说，那个女人告诉她，“你做不到炫耀你的收入。你不属于科技界，你是黑人，你是女人。你的名字很可爱，你的公司的名字也很可爱。但是，你在这里就是混不开的。”

可悲的是，碧觉得她言之有理。创业成功率很低，女人在科技界创业成功率尤其低。她们经常筹集不到所需的资金。讽刺的是，与穿着兜帽衫的男子相比，女子更不可能得到认真对待。性别歧视，司空见惯。

CraigsConnect［由 Craigslist 创始人克雷格·纽马克（Craig Newmark）创建，旨在用科技手段帮扶没有得到足够认可的群体］和 Women Who Tech（旨在扶持由女性经营的创业公司）2015 年发布的研究发现，只有 7%的风投资金投给了由女性经营的创业公司，尽管与由男性经营的创业公司相比，由女性经营的创业公司得到风投资金后实现的投资回报率高 35%。这里再说一个有趣的发现：与男企业家相比，女企业家能以少 50%的投资创造多 20%的收入。但是，女性很难筹到所需的资金。

我们吃午饭期间，碧的手机不断发出收到短信的提醒声。科技界一些大佬在找她，请她去工作。但是，她不知道自己是否想给别人打工——至少一时半会儿不想。碧想顺着她的助人天性，从事助人行业。她仍然认为，心理治疗应该人人都能用得起，无论是通过手机、数字技术还是老式的面对面咨询。

“失败会让你重新审视你的人生。”碧说，“我在菲加斯健康服务系统做家暴救助咨询师一年赚 38000 美元的时候，我觉得很没成就感。回头想想，那段时期我还是做成了很多事情。过去几个星期，我活得苟延残喘，但始终对未来充满希望。”

正视失败，蔚然成风

正视失败，在硅谷已然成为一种时尚。据估计，10 家创业公司有 9 家没过几年就偃旗息鼓。在这种背景下，失败在硅谷就是家常便饭，就像不屈不挠的乐观精神是创业故事的常见主题一样。想着自己正在做的事情也许是一件改变世界的大事，创业者才能坚持下去，即使成功的可能性低得惊人。但是，这就是创业的美丽之处。一个鼓励人们冒险的环境，终会孵出伟大的变化。

正视失败，并非总是如此时尚。以前，科技界并不大张旗鼓厚葬死者。创业公司静悄悄地倒闭。创业失败的人，被朋友营救、聘用。但是，后来有了一些改变。2009 年，曾在旧金山创业的活动策划人卡桑德拉·菲利普斯（Cassandra Phillipps），厌倦了假装自己的社交媒体事业一切进展顺利，于是推出了 FailCon，一个让企业家分享惨败经历、所得教训、情绪起伏的活动。卡桑德拉就是用那种方式来揭露现实——刺破一切进展顺利的创业假象。

卡桑德拉发现，无论她走到哪里，所遇到的人都在夸耀他们有多成功、他们的事业有多顺利、投资人对他们有多满意。可是，卡桑德拉本人的情况并非如此。她的公司正在艰难求生。她很郁闷。她渴望得到支持。“我参加活动，看到每个人都满面春风，于是觉得自己也必须这样，否则会被踢出去。”卡桑德拉说，“出了问题，给人的感觉就像是失败了。在这种氛围下，没人敢谈论遇到的问题，免得被人视为失败者。”于是，她决定改变氛围。

参加 FailCon，人们可以抛下顾虑，谈论所遇到的问题。2009 年，FailCon 一推出就取得巨大成功，首次活动有近五百人参加。之后，FailCon 迅速发展，在全球开展了二十多次活动。创业界一度静悄悄的葬礼现在成了闹哄哄的交流平台，供人们公开哀悼公司的倒闭、分享失败的经历。现在，创业失败者流行在 Medium 之类博客平台以“首次创业，首次失败”之类标题发帖给自己“逝去”的公司写“验尸报告”。有些人发这种帖子另有目的，即找工作。这就像广告：“嘿，我创业了，但失败了。我经验丰富，聘用我！”

快速失败 + 汲取教训

除了正视失败甚至把失败作为吹牛资本外，科技界还盛行“快速失败”这一商业策略，即不等产品完全成熟就对外发布原型。想想 Gmail：谷歌 2007 年向员工发布原型，几年后向公众发布原型，这些叫 beta 版。科技界追求速度，流行抢先上市。科技公司的共识是，没有什么东西首次推出就是完美的，也不需要如此。完美与否并不重要，重要的是快速行动。推出试用版供人们测试，行得通的就留下，行不通的就改掉。这是一个学习过程，推出原型，进行测试，得到反馈，加以调整。如此而已。

这个快速失败模式同样适用于我们的职业发展。正如老话所说，失败是成功之母。许多心理学家指出，“试错”是重要的学习方式。不断尝试，不怕失败，从失败中汲取教训，你会离成功越来越近。“如果在失败之后加以改进、努力学习或换个方向，那么失败真的可以成为资本。几乎所有的成功人士都有过失败的经历。这条路走不通就换条路走，没有什么可耻的。每次失败都意味着，人生可以有新的选择。障碍可以变成机会。”《路障就是出路：永恒的转败为胜之道》(*The Obstacle is the Way*：*The Timeless Art of Turning Trials into Triumph*) 的作者瑞安·霍利迪 (Ryan Holiday) 写道。

任何正在经历失败的人都会说，失败太可怕，会让你的生活变得一团糟。现在，有很多人反击说，为失败树碑立传，会掩盖创业者得为创业失败付出惨重代价这一残酷现实。但是对女性而言，为失败正名、鼓励人们冒险的创业文化还是有一点值得学习的，那就是信心。在第 2 章，我们讨论过，增强信心的一个有效方式是采取行动。即使失败，你也采取行动了。你冒险了。你学到了。失败带来成长。“我们已经看到，快速失败是女性树立信心的理想模式。”凯蒂·凯和克莱尔·希普曼在《信心密码》写道，“如果我们可以把失败当成进展，那么我们可以转而修炼另一增强信心的重要技能：掌控。”

培养成长心态

拉什马和碧都有斯坦福大学教授卡罗尔·德韦克博士（第 2 章提到过她）所说的“成长心态”。成长心态，顾名思义，主张智力和能力不是固定的，而是可以培养的。过去十年，成长心态 VS 固定心态成了进步教育和育儿圈的热点话题。成长心态算是快速失败的“表亲”，被人视为创业必备心态。专家认为，成长心态可以预测企业家的成败。固定心态，主张智力和能力是固定的，失败意味着不聪明或没能力。抱着固定心态的人，失败之后容易退缩。抱着成长心态的人，不把失败归因于自身的固定特征，受挫后更容易振作。他们明白，即使失败，也能学到东西。他们更有韧劲，认为成功是运气与努力和毅力相结合的产物，而失败了正好可以汲取教训。“创造性成就的首要成因是成长心态。”德韦克博士在畅销书《心态：新成功心理学》(*Mindset: The New Psychology of Success*)中写道。

多年以前，德韦克博士做儿童研究时发现，有些孩子越挫越勇，有些则不然。于是，她开始潜心研究人们失败之后的应对方式。在《心态：新成功心理学》一书中，德韦克博士说她的那些有关失败之后应对方式的研究结论可以运用到育儿实践中，建议父母与其夸孩子聪明能干不如夸孩子不屈不挠，即培养孩子的毅力。毫不奇怪，与毅力相伴的是信心。德韦克认为，心态决定命运。

失败并没让拉什马·萨贾尼止步不前，而是推动她继续前行。正如拉什马所说，没人教她怎样参加竞选、经营非营利组织。她尝试，失败，再次尝试，学习，成长。这是成功的秘诀。冒险通往成长，成长通往成功。有些人先天自带成长心态，有些人需要后天学会成长心态。竞选失败，只是意味着从政梦想破灭。之后，拉什马重新设立奋斗目标，创建了一个旨在缩小计算机科学领域性别差距的非营利组织，帮助改变了全美国几千名女孩的人生。可以说，与竞选成功相比，拉什马在今天的位置能够带来更大的影响。

关闭公司两周后，碧・亚瑟并不十分确定下一步做什么。但她也有成长心态，没有因公司倒闭就一蹶不振。她在《鲨鱼坦克》与鲨鱼共游，走出失败的阴影，迎难而上创办了在线心理治疗网站，积极地影响人们的生活。碧知道，她喜欢与人打交道、喜欢帮助人，她要顺从这些喜好构建她的未来。她相信自己的能力，知道自己的长处和短处。“做你擅长做的事情，没人会炒你鱿鱼。”碧说，“做你擅长做的事情，不用担心失败、拉不到投资。我天生就是做这个的。我确实相信我有这些天赋，我非常非常强烈地感受到这一点。”

第8章

迭代·沉思·重复

第8章

“你的过去造就你的现在，你的现在造就你的未来。”

——佛陀（BUDDHA）

纳马·布鲁姆（Naama Bloom）为沙冰机的声音道歉，当时我们正坐在她的联合办公空间的咖啡厅，两个留着胡子、戴着几乎同样极客风眼镜的潮人正在打冰沙。她的联合办公空间名叫 WeWork，位于纽约市，像以色列的集体农场，顺应创意经济趋势而办，聚集着一群很酷的年轻创业者，有公关人、非营利活动家、软件工程师等等，他们就在豆袋椅和足球桌上会谈、合作。纳马，四十二岁，瘦高个儿，黑发，穿着牛仔裤和新潮乡村风格上衣，收拾得恰到好处。“进入四十就容易说，去他的，爱咋咋地。”她指着今年母亲节给自己买的小鼻环说，“我母亲节穿了鼻环，因为我一直想穿。没人会因我穿了鼻环而不聘用我，我已经证明了自己。”

震撼广告界

纳马当然证明了自己。2013年7月，她创办了“你好Flo（HelloFlo）”，一家订购公司，销售“大姨妈套装”，里面装有卫生棉条、卫生巾、糖果等小吃——基本上是为月经期定制的服务包。她用一段“无节操”视频，让世界认识了HelloFlo，迅速打响了知名度。那段视频名叫“营地妇科专家（Camp Gyno）”，目标受众是10—13岁的少女，基于她们生活中常见的集体露营经历。

2013年7月一经发布，“营地妇科专家”视频就疯传开来。没过几天，视频观看量超过了1200万次，HelloFlo和纳马就上了新闻。“营地妇科专家”被业界广泛评为年度最佳广告，赢得无数奖项。由于这则视频，人们牢牢记住了HelloFlo，把它视为打破格局者：它改变了女孩和女人谈论月经的方式。再见蓝色液体卫生巾广告！你好Flo！

一年后，2014年6月，纳马发布了另一视频，“初潮派对

(The First Moon Party)”。这个视频的目标受众也是 10—13 岁少女。

“初潮派对”出来后，我十一岁的女儿莱西至少看了十几次。她入迷了。那就是纳马希望达到的效果。它用各种恶搞，揭开了月经的神秘面纱。“营地妇科专家”和“初潮派对”两个视频一共在 YouTube 获得五千多万观看量。

再见 Amex，你好 Flo！

纳马的人生并非总是这样“开挂”。她在美国运通（American Express）营销部门工作了九年，后四年过得无波无澜。她得最高的评价，拿最高的奖金，但无法升职，与两个数字营销职位擦肩而过。第九年，她怀上二胎。休产假期间，她开始广泛联络朋友，说她想转行，看看有什么机会。朋友认为她放着好好的产假不休实在太傻，但她觉得这样做可以让她重新燃起对工作的热情。

“美国运通给我的反馈大都是，你需要再这样一点或再那样一点。”纳马说，“感觉他们在要求我改变个性。”

纳马没有改变自己，而是离开了美国运通，在一家科技创业公司找到了一份营销工作。我就是在那家公司遇到纳马的——我做自由公关人，她是我的客户。一次会谈过后，纳马提到她想在业余时间在她位于布鲁克林的公寓做 HelloFlo，问我有什么意见和建议。女孩们会喜欢吗？妈妈们会想要吗？“当然啦！”我告诉纳马。我朋友的女儿都即将进入青春期，对“大姨妈”很感兴趣，好奇来“大姨妈”是怎么回事。

两年后，“营地妇科专家”视频在网络上疯狂传开，我为纳马感到由衷的高兴。HelloFlo 的诞生有一个前提，即邮购订购业务可以做成功。纳马想仿照 Birchbox① 和 Harry's Shave Club②，创建一家专为女人和女孩提供订购服务的公司。“最初是抱着玩票的心态。”纳马说，“我和一位朋友都在给别人打工，都做得不开心。我们都有两个小孩，做着全职工作，认为目前的订购公司没有一家是为我们服务的。所以，我们有了向妈妈们出售每月关爱套装的想法，想到的东西有性用品等等，但是那些东西好像都太奢侈了。我们想要解决的问题是，怎么帮助一心照顾家人的妈妈们照顾自己。我们走在街上，我想我每个月都不得不买的东西有什么。那时，我想到了卫生棉条。”

纳马的朋友对卖女性卫生用品并不热心，但纳马无法放下那个想法，不断与人商量。“我的丈夫说：‘你要么去做要么闭

---

① 最早在美妆界推出订购模式的公司。

② 男性护理用品邮购订购公司。

嘴，但我知道，如果你没做而别人做了，你会发疯的。’这让我动手了。”纳马说，“我没有投入一分钱。我一开始想，订购套装的人不会超过一百，我可以去好市多（Costco）现买所需的东西，在我的公寓打包，邮寄出去。我以为这项业务要过一段时间才能成长起来，而我可以在这段时间里弄清我到底要做什么。”

于是，纳马决定拍“营地妇科专家”。有了朋友、摄影师、编辑的帮忙，纳马只花了 6000 美元就拍摄并编辑好“营地妇科专家”。视频的大胆引爆了网络，大量女孩和她们的妈妈立即做出了积极回应。“我收到了世界各地女性发来的成千上万封电子邮件，于是意识到这不仅是订购业务，而且是与女性谈论女性健康的新方法。”

从套装到内容

HelloFlo 迅速转变理念。“我最初以为自己在打造一家产品公司，但最终却在打造一个营销渠道和一项内容业务。”纳马说。一方面，HelloFlo 仍在销售“初潮套装”“萝莉套装”“新手妈妈套装”等产品，还为这个系列想了一条广告语，即“不管你处在人生什么阶段，总有一种套装适合你”。另一方面，HelloFlo 迅速发展成了一个面向八九岁以上女性的内容平台。上面的内容前卫、大胆、丰富，涵盖从初潮到绝经之间各种与月经有关的话题。另外，这个网站有个“feminspiration”板块，把“女权（feminism）”与“励志（inspiration）”融合到了一起。

作为营销大师，纳马知道怎样与客户交谈，以找到共鸣之处。“营地妇科专家”视频传开之后，很多女孩和女人给她写信。她根据她们提供的线索，看出了真正的市场需求，对她的业务进行了相应的调整。这也是她所擅长的事情——打造满是前卫内容的营销渠道。“我突然意识到，我又回到了老本行。”纳马说，“最终，我做了我一直擅长做的事情，而不是我想要做的事情。”

纳马从未想过全职做 HelloFlo，只想把它作为一项副业，顺便做做咨询。她从未料到，HelloFlo 发展得如此之快，成了她的全职工作，而且没有工资。“我以为，我把它作为全职工作来做，就能得到全职报酬。我并没想到，付出与收获全然不对等。”纳马说。

纳马惊讶地发现，视频大获成功后，她仍然不能为公司筹到风投资金，而且没有多少人订购经期套装。虽然她因夺人耳目的内容在广告和媒体界获得认可，但是经期套装业务是费时费力而产出甚少。她的丈夫大卫（David），也在创业，也想做大自己的事业。两个创业者，两个小孩，住在布鲁克林，负债累累，压力山大。所以，2015 年，纳马开始考虑怎么退出。之前，她把 HelloFlo 从商务公司转成了传媒公司。现在，她需要合作伙伴。

重新定位、找对方向

纳马获得了年度 Femvertizing Award 奖提名，这是女性数字媒体公司 SheKnows 颁发给展现女性正面形象的品牌的一个奖项。SheKnows 的总裁兼首席营销和收入官萨曼莎·斯基（Samantha Skey），也住在布鲁克林，也有两个小孩。萨曼莎联系到纳马，约纳马在咖啡店见面。正如纳马所说，两个女人一见如故。“我们联手，可以做很多事情。一想到这点，我就很兴奋。那次见面，我甚至对她说，‘你们这群家伙真的应该买下我的生意’。我们谈到 SheKnows 正在做的事情存在哪些漏洞和机会，而我正好知道怎么填补那些漏洞、利用那些机会。”

纳马与萨曼莎告别后，仍然兴奋不已。她打电话给她的丈夫说，她们很有可能做成一些事情。不过，她也知道，这种首次面谈常常让你觉得很有希望最后却无疾而终——正如她所说，需要凑齐很多条件。但是，纳马的品牌很有价值，与 SheKnows 完美契合；纳马本人的技能也正好是 SheKnows 所需要的。也许最重要的是，作为 SheKnows 高层领导人的萨曼莎·斯基赏识她，这有利于她开展工作。“看到朋友们的并购后整合经历，我意识到高层领导人的支持非常重要。”纳马说，“一个组织内部，有些人的利益是相互冲突的，要做的事情又太多，很容易搞黄一件事情。”

2016 年 3 月（纳马推出 HelloFlo 后三年半），SheKnows Media 收购了 HelloFlo，给了它一个大了很多的新家。纳马也获得了新职位，SheKnows 综合营销高级副总裁。六个月前，纳马签了一份合同，要写一本关于青春期的非小说类图书。另外，我与纳马谈话的那个星期，她告诉我，她有幸得到邀请，要去参加白宫全美妇女峰会（White House State of Women Summit）。在小小的共享办公空间绞尽脑汁招揽生意、辛辛苦苦把卫生棉条打包寄出多年后，纳马觉得她终于得到了认可。讽刺的是，这个认可不是来自她最初想要扎根的科技创业界，而是来自传统出版和媒体界。“我真的觉得科技界和风投圈把我拒之门外了。我筹集不到资金，我觉得没人带我入门。创业界权威好像从未接纳我，我本将心向明月，奈何明月照沟渠。”纳马说，“但是，突然之间，先是出版界权威，然后是 SheKnows，现在是白宫，都承认我确实做了一件好事。我想，哦，是的，我确实做出点名堂了！这是值得的。”

纳马努力让科技界了解她，好为她的事业筹集资金。千辛万苦才筹到些许资金后，她不再往那个方向努力了。她让她的事业转型了，还重新界定了它的现在和未来。这么做了之后，她觉得她的事业变得实在了、有意义了。硅谷没有邀请她参加精英活动，但是白宫邀请她参加妇女大会。她的公司被一个女性传媒公司收购，她终于找到组织了。

"从某个时刻开始，我不再把我的公司定位为科技创业公司，因为那种定位让我觉得自己就要失败了。"纳马说，"我的公司并没筹到多少资金，也没快速扩张。一意识到我不是做（电子）商务公司的料，我就开始说'我在做女性健康公司，因为我谈论女性健康，围绕女性健康销售产品、开展培训'，我的事业变得对我远远更有意义，也远远更符合我的本性。"

纳马意识到，她不能把自己硬塞到科技界，科技界不接纳她，她也无法融入科技界。"科技界青睐会造新玩意儿的小伙子，而不是我这种老大妈。"纳马说，"我不想说女人尤其是四十岁以上的女人在科技界没有立足之地，但是科技界绝不欢迎女人和四十岁以上的人。我刚刚意识到，我为什么要与那些人竞争？我与他们不在一个层面，我不想与他们竞争。我也不想经营一家不赚钱的企业。这些创业公司如果不赚钱，那又有什么了不起？企业应该赚钱，那是关键。"

快点，慢下来吧

在三千英里外，这个国家的另一头，苏士·雅拉夫·施瓦兹（Suze Yalof Schwartz）也想赚钱。2014 年，她创办“不插电冥想室（Unplug Meditation）”[①]，一开始是免费赠送冥想课程——定价模式有缺陷，她承认。但是，她把这项事业做得蒸蒸日上。当我和苏士一起坐在加利福尼亚州（California）圣莫尼卡（Santa Monica）一个简朴的白色混凝土房间时，她已经无须搞免费赠送了。我们所在房间的旁边，就是她的雅致冥想室。一个大通间，满是练习冥想的 Unplug 会员，有戴着梭编饰品的年轻妈妈，也有做了三十分钟冥想就要穿上西装去工作的中年男子。尽管有些拥挤，但是冥想室在粉红色和紫罗兰色灯光的映照下显得静谧。

苏士，四十七岁，有三个儿子，穿一身黑——依然保留着纽约人的穿衣风格，她在纽约市住了二十一年。即使在盛产羽衣甘蓝的海滨城市生活了三年，她也钟爱黑色衣服。苏士说，她在纽约有着理想的工作：*Glamor* 时尚执行编辑，在这之前还为 *Vogue*、*ELLE* 和 *Marie Claire* 工作过。她是媒体宠儿，有

① Unplug 一词的原意为“不使用（电源）插座”，转指不使用电子乐器，不经过电子设备的修饰加工的现场化的流行音乐表演形式。

着灿烂的微笑、强大的感染力。苏士的专长是美妆，她经常上《早安美国》（*Good Morning America*）、《CBS 今晨》（*CBS This Morning*）、*The View* 和《今日秀》给人“改头换面”，曾把一个犹太拉比变成了她所说的“儒雅潮人”，让许多全职妈妈变得光彩照人，等等。作为时尚编辑、导演、造型师的苏士，曾被《纽约时报》奉为“美妆界的仙女教母”。然后，苏士的丈夫马克（Marc）一时兴起（更像是一时胆大），鼓励她一起去西部发展——他一直渴望搬去洛杉矶。他找好了工作，找好了房子，为孩子找好了学校。2012 年 8 月，他们收拾好行李，搬去了西海岸。

这次搬家让一直从事全职工作的苏士内心没了依托。照顾孩子、装修房子、参加学校活动，这种全职妈妈生活让她觉得郁闷无聊。于是，她开始往返纽约，为 Lord & Taylor 工作，录制在纽约市出租车投放的广告。然而，家里有三个小孩要照顾，在东西海岸之间通勤并不是长久之道。她压力重重、闷闷不乐。她的心理治疗师婆婆，建议她做冥想。她挺感兴趣，但发现现有的各种冥想都又贵又不方便：花四周时间远足去佛教寺庙修行，或者参加为期八周的冥想课程，费用都超过了她家每月房贷。

苏士意识到，冥想如果变得实惠又方便，那就能造福大众。于是，她把一个有着2500年历史的修行法改造成了适合大众练习的冥想术。这个冥想术不仅可以满足她本人对冥想的需求，而且可以把她在走访冥想市场过程中发现的商机利用起来。她决定开冥想室，打算像布满大街小巷的吹头沙龙Drybar那样，或像很受欢迎的动感单车健身俱乐部SoulCycle那样，让顾客随到随做，按次收费，而不是吸纳会员，收取月费。“老实说，这项事业最初是为我自己开创的。”苏士说，“我知道我自己最需要冥想，我找不到任何看起来闻起来都很干净的地方，供我随到随学练习冥想。”

苏士让有从商经验的朋友帮忙，拼凑出一个粗略的商业计划。她没有商学位，但人脉广。她用她具备的技能，换取她需要的帮助。“我拿手艺做通行证。”苏士说。她解释道，她得到了很多人的帮助，从平面设计师到会计师应有尽有，谁帮助她，她就把她最拿手的化妆技巧或在传媒行业的从业心得传授给谁。“我与每个人交易。‘有什么可以帮你’，对陌生人说这句话也许是客套，但对朋友说这句话绝对是出于真心。如果你的朋友有一个梦想，那么你会想要提供一些帮助的。”

苏士以前的工作经验还发挥了其他作用。她构思策划了冥想室的每一个细节，包括课程的运作方式，以及教练与学员的交流方式。她决定砍掉冥想常有的繁文缛节，直奔主题。目标是设计一种适合各种普通大众、方便又实惠的冥想，引起酷小孩甚至西装男的兴趣。在 Unplug 做冥想，你不需要焚香，也不需要盘腿而坐。你可以坐在舒适、时尚的黑色椅子上，或者躺在垫子上。苏士的口号是“快点，慢下来吧”。

灵修企业家

今天，苏士称自己为“灵修企业家”。她仍然想念纽约时装周，但也兴致勃勃地经营着 Unplug。这项事业不断发展，偏离了她的最初设想。“刚开始做 Unplug 时，我把它设想成冥想界的 SoulCycle，使命是帮助时尚辣妈排解压力。”苏士说，“但是，实际上，人们在 Unplug 得到了远远更为丰富的体验。Unplug 正在发展成一种很酷的晚宴，你会在那里遇到你通常接触不到的人。他们有着不同的背景、迥异的经历。与他们交际，非常有趣。”

自从苏士开办 Unplug 以来，纽约市以及其他城市涌现了大量冥想室。作为以时尚侦探和造型师身份混过时尚界的人，苏士转行做冥想也在引领潮流也许并不奇怪。“我真的觉得我在担任冥想营销总监。”苏士说，“冥想是我开创的吗？不是。但是，冥想广告活动是我开创的。太奇妙了。过去很难找到，现在到处都是。”

自从2014年开业以来，Unplug变了很多。现在每个月都有超过五千人来练习专注、振奋精神、排解压力，包括正念传媒大亨阿里安娜·赫芬顿（Arianna Huffington）和新时代大师狄巴克·乔布拉（Deepak Chopra）。苏士说，她做了一件聪明事，即在前台放了一个黑色有机玻璃建议箱。这是征求意见的传统方法，但是非常合适，鉴于她的正念冥想是在对抗让人浮躁的现代化生活方式。苏士说，她每星期收到大约五十条建议，从提供什么类型的课程，到怎样让浴室更有禅意，再到手机管理办法，五花八门、应有尽有。“我向客户征求意见，这比开什么会议都好。他们看我的网站，提出很好的意见。我认为，正是因为他们，我们才成为现在的我们。”苏士说。

苏士还说，她以前的时尚界从业经历竟然在她今天的事业里留下了那么多痕迹。除了冥想室外，Unplug还有出售相关商品的店铺。店铺用到的装修材料，店铺出售的商品，大都是她亲自挑选的，透着时尚的气息。她还看出了时尚与冥想最不可能的相通之处。“我惊讶地发现，做冥想与做时尚多么相似，你可以天马行空地发挥想象力。”苏士说，“每天都在变，一直在翻新。冥想完全不可预测，总是带来惊喜——你永远不可能有两次一模一样的冥想。”

正念作为商业策略

随着 Unplug 不断扩张，苏士看到了新出路和新机会，即让冥想上线，把冥想推广到美国公司。虽然冥想最初来自苦行者，而不是资本家，但是苏士发现，正念正在作为商业策略风靡企业界。音乐大亨、企业家、瑜珈师罗素·西蒙斯（Russell Simmons）看好冥想，认为好莱坞和企业界的每个人都应该修炼专注之道。在 2016 年米尔肯研究所全球大会（Milken Institute's Global Conference）上，西蒙斯说："金钱不会带来快乐，但快乐带来金钱。"美国公司似乎听进去了。Unplug 的教练已经去沃顿商学院（Wharton）开过课，还为麦当劳（McDonalds）、德意志银行（Deutsche Bank）、Chipotle、NFL 办过班。

"我不是空想家，我是实干者。"苏士说，"我是第一个吃螃蟹的人。这个事业怎么做，我没有想太多。我边做边学，在实践中看什么行得通、什么行不通。我是那种成绩平平的学生，不聪明，但肯动手。有了想法，就一门心思去实现。失败了，没关系，边做边学嘛。"

当你把冥想当事业来做，你还能得到冥想的副产品，平静和专注。作为一向凭感觉办事的女人，苏士在发展冥想事业的过程中学会了沉思。"我现在比以前沉着冷静，不再被情绪左右。”苏士说，“现在，我能清空情绪垃圾，然后做出理性决定。”

采取行动：让激情领路

苏士既没有从商经验又没有冥想方面的专业知识，但是凭着饱满的激情、强大的人脉、不凡的品位一步步靠近她的愿景。她花时间学习冥想，向创业者取经。她依靠自己的关系网获取商业支持和媒体关注。她用她在传媒行业的从业心得和她的造型化妆技能换取她创业所需的帮助。她不怕行动。她认为所有人只需采取行动就可以追逐梦想。“你可以一心多用。”苏士说，“你可以一边给人打工，一边准备创业计划。你不一定非得辞掉工作，才能寻思怎样自主创业。花时间投资自己。早起一小时，或者晚睡一小时。牺牲一小时睡眠，没什么大不了。不要空谈，做就是了。你不想某天回顾人生时说：‘我本该试试的。’想到就去做。”

纳马也不想回顾人生时觉得遗憾。她也是行动派，也利用了她的核心技能——她会做内容、精通营销。她也迭代。她与潜在客户沟通，甚至问我对她的创业计划有何看法。她用视频找到“金矿”了吗？当然找到了。视频疯传开来，她一下打响了知名度。尽管她没有像最初设想的那般做大商务公司，但是她在读者来信中找到了新方向，进而成功打造出一个很受欢迎的内容平台。纳马的第一步重要行动是，主动离开美国运通。“美国运通不再适合我发展，我在那儿做下去也没什么意思。”纳马说，“你是要听取意见，但是如果意见是让你改变自己，那么你就要斟酌斟酌了。我斟酌的结果是，主动走人。三年后，我发布了两个火爆视频，登上了《广告时代》(*Ad Age*)‘全球创意 50 人（Creativity 50 List）’榜单。你并非总是需要改变自己，你有时需要换个公司。”

纳马和苏士都没有创业所在领域的专业知识，但都有激情去尝试一个从未有人尝试过的创业想法。为了把事业做下去，她们都不得不转变最初的创业想法，根据受众需求调整发展思路。她们都在社交网络以物易物，用自己的核心技能换取创业所需的帮助，纳马是让朋友帮助制作第一个视频，苏士是让朋友帮助宣传 Unplug。

她们全押上了。

许多女人可能不想向人寻求帮助或征求意见，也不想拿自己的资源做交易。但是，为了推动项目发展，把想法付诸实践，你也许就是需要分享资源。“我是个分享者。”苏士说，“我乐于给予，为什么要藏私？帮助别人，我觉得快乐。”所有这些给予都有了回报。苏士需要时，有人帮她。第 3 章的阿米拉图 · 搜说，她的一部分自我就是与人分享她的关系网，苏士也以类似的方式运作。纳马和苏士的创业经历，对任何想要创业的人都有借鉴作用，无论是想做在线的还是实体的。分享资源，积累人脉。利用现有技能，换取所需帮助。听取客户意见，调整改进业务。把过去的经验运用到现在的事业中，为它增色添彩。正如我们在第 2 章中讨论过的那样，关键是采取行动，而行动能带来信心。

第 9 章

重塑母职

"每天做一件你不敢做的事情。"

——埃莉诺·罗斯福

亚利桑那州（Arizona）斯科茨代尔（Scottsdale），华氏99度，几百个女人提着德芙（Dove）礼品袋，袋子里装着从无麸质燕麦棒到品牌极碟驱动器等产品，在丽思卡尔顿酒店（Ritz-Carlton）露台漫步闲谈。其中有一群穿着人字拖的女人，正在探讨让企业为其视频内容买单的最佳方式。洒水器在洒水，使沙漠中午般的气温变得稍微可以忍受一点。

这是第七届年度妈妈2.0峰会（Mom 2.0 Summit）。妈妈2.0峰会是由作家劳拉·梅耶（Laura Mayes）与其朋友卡莉·帕西尼（Carrie Pacini）发起的一个把妈妈们和营销人聚到一起的大会，首次召开时间是2008年。那时博客圈正在成熟，在线品牌营销正在爆炸式增长。“有影响力的妈妈们（Mom Influencers)”得到了营销人的青睐，宝洁（Procter&Gamble）和迪士尼（Disney）之类知名公司想要借助她们的影响力开展营销活动。参加2017年大会的六百多名女性大多是“内容创作人”、社交媒体达人、企业家、营销人。目前，大多数个人博客网站的直接流量并不多，因为大多数人直接在脸书之类社交媒体寻找“内容”——那里内容丰富，从文章到视频到图片，应有尽有。但是，由于脸书的放大效应，博主们的“圈粉”能力更强了，影响力更大了。

Mom 2.0首次召开时，与会者几乎没有真正的数字原住民，多是在数字技术大爆炸时已长大成人的“X世代”。(对同类大会BlogHer等而言，情况也算是如此。）这些“X世代”，学着创建博客和视频博客，直率坦诚，玩世不恭，有时恶声恶气地分享她们的当妈故事，培养了一批“粉丝”。根据互联网新闻博客平台Mashable的说法，2012年前后的博客黄金时代，有将近四百万“妈妈博客”，但只有大约五百女人因转发量大、“粉丝”数多而具有影响力——她们做出了品牌，令人艳羡。

博主分布在全国各地，有着不同的背景，发出不同的声音。2011 年,《纽约时报》把住在盐湖城（Salt Lake City）的自由派前摩门教徒海瑟·阿姆斯特朗（Heather Armstrong）封为“妈妈博主王”。她的博客 dooce.com（她最初化名 Dooce 写的博客）创造了博客界的神话：一度吸引到十万名日常访客，每年赚取一百多万美元广告费。阿姆斯特朗记录了她的怀孕、产后抑郁症、平淡的郊区生活——梅泰克（Maytag）洗衣机出故障，狗狗难伺候，带孩子看医生。还有以前是洛杉矶派对女郎后来嫁给俄克拉荷马州（Oklahoma）牛仔的李·德拉蒙德（Ree Drummond），她的博客“前卫女性（The Pioneer Woman）”写的是牧场主老婆的生活：喂牛、做肉汁、在家教四个孩子读书。还有与养牛场相隔十万八千里，远在布鲁克林的艾丽斯·布拉德利（Alice Bradley），她创建了博客 Finslippy，在上面用风趣幽默的文字描写她在纽约市的生活，因此获奖。这三个女人的博客都还在，但可以说都不如各自鼎盛时期那样门庭若市。她们不得不随时代变化。

尽管如此，参加 Mom 2.0 大会的女人们还是喜欢所有那些吸引第一代女性博主创建博客的东西——融入一个社区、走在时尚前沿、积极进取、互相激励，是的，还有，有可能得到很多关注、打造出品牌、转化成财富。大多数人不奢望能像阿姆斯特朗那样每年通过博客就能挣来一百多万美元，但是所有人都希望有一份自己的事业——妈妈博主一般是利用孩子打盹的时间打理自己的这份事业。

连续三天，我遇到了来自全国各地（乃至英国和澳大利亚）、精通各种网络技术的女人。她们当中有些人对不断变化的社交媒体感兴趣，想要弄清自己能否在这个领域开辟一项事业。许多人已经有了小小的网站或在线事业，希望做大一些。还有一些人处在金字塔的上层，已经有人约她们出书、请她们演讲、聘她们做代言人。更有甚者，在全国性卫星连线访谈节目（satellite media tour）中做嘉宾，工作几天就可以赚到 5000 到 10000 美元。毫无疑问，只有很少人做到那么出类拔萃，但这不妨碍大多数人以此为奋斗目标。

有德芙做赞助，大会满满的正能量。与会者可以参加瑜伽班、晨跑班、冥想班，也可参加研讨会。研讨会主题多种多样，包括电子邮件营销、引资推介等等。她们还可以一边品着红酒，一边与人寒暄、交际、结交。一切都围绕怎么当妈来展开，会上展示的产品都要么与孩子有关，要么与妈妈有关。

从 MBA 到 MOMables

在开幕之夜的鸡尾酒会上，我遇见了三十五岁的劳拉·富恩特斯（Laura Fuentes）。劳拉柔和轻快的口音，暴露了她的西班牙出身。劳拉出生在西班牙（Spain）马德里（Madrid），十二岁时来到加利福尼亚州，之前没有说过一句英文。劳拉在加利福尼亚大学获得学士学位，在新奥尔良大学（University of New Orleans）获得工商管理硕士学位（MBA）。劳拉嫁给了土生土长的路易斯安那人（Louisianan）[①] 埃里克·施内勒尔（Eric Schneller）。劳拉从事了好几年的药品销售和营销工作，她说这个工作与她的工商管理硕士学位毫不沾边。2005 年，卡特里娜（Katrina）飓风袭击新奥尔良，摧毁了大量企业，包括她丈夫的理疗事业。与她有业务往来的医院都被淹了，她也挣不到钱了。两个人都没了收入，但并没逃走，而是留下来重建家园。很快，劳拉发现自己怀孕了——这是他们的第一个孩子。

“我的丈夫对我说，如果你想待在家里，那也无妨，我们吃大豆和米饭也能活下去。”劳拉说，“于是我就待在家里了，但是没过几个月就非常想念拼业绩、拿提成的日子。我很难接受全职妈妈角色。之后，我又生了一个孩子。没过几年，我意识到，我必须做点事情，免得脑子生锈。”

劳拉开始写博客，内容是她在厨房奋战，努力让孩子们吃上健康食物。这个名叫 Supergluemom（现在名叫 laurafuentes.

① 新奥尔良就在路易斯安那州。

com）的博客是劳拉与她身在西班牙的老家人和她身在加利福尼亚州的妈妈保持联系的方式。她时常报告自己又炮制了什么健康食物，还会配上孩子们吃健康食物的照片。她的博客越来越受欢迎。除了她的家人，还有其他人在看她的博客，搜索她的食谱，转发她的博文。“竟然有那么多人对我的家常鸡块做法感兴趣。”劳拉说，“我在努力喂好自己孩子的过程中学到了很多东西，钻研出的食谱正好是人们想要的。我不了解互联网创业，正在通过博客去了解。看到人们积极响应我的食谱，我就转变了博客风格，发更多的食谱。”

在打理博客的同时，劳拉还在开发冷鲜盒。她取出了退休金账户里的钱，用于支付冷鲜盒的设计费和原型制作费。她打算以后委托中国工厂为她生产冷鲜盒。一天，劳拉从进口商那里取到第三轮原型，开车赶回三个小时车程之外的家。遇到一个铁路道口，她猛踩刹车，原型从前座跌落，摔得无法修理。“我刚写了博客，说我要检验第三轮原型。”劳拉说，“没想到被我摔坏了。这一轮十分关键，我感觉天要塌了。我打电话给我的丈夫，哭个不停，直到没有眼泪可流。最终，我抹了一把脸，说‘看来我不是造冷鲜盒的料’。我的丈夫说，‘开车回家，没什么大不了’。我觉得我天生不适合从事产品制造和零售业务。到家的时候，我就有了一个愿景：我要做一些事情，让妈妈们享受为家人煮饭的乐趣。我认为，妈妈们需要的不是又一款便当盒（Lunchable），而是便当制作方法（MOMable）。MOMables 就是这样诞生的。”

2011 年年底，“意外” 怀上第三个孩子期间，劳拉推出每周膳食计划订阅服务 MOMables，向付费会员提供家常食谱，列出可能用到的一切物品，以及详细的制作步骤，让连最挑剔的人也觉得满意。她建了一个育儿群，吸纳了八万五千个群员。每周，她能收到群员们发来的数百封电子邮件，急切地向她询问怎样让孩子吃得更健康。她喜欢与群员们交流，因为这些交流让她知道该往哪个方向发展她的事业。她的事业越做越大，她本人也越来越有影响力。

稳中求进，做你喜欢做的事情

2013 年，一位出版商联系到劳拉，请她写一本校园午餐烹饪手册。烹饪手册最后写了三本，做成了一个系列，有机会到美食广播网（Food Network）《重新包装》（*Rewrapped*）节目参加比赛，重新打造经典快餐。面对这些机会，劳拉既兴奋又害怕。“我不是厨师，没有经过专业训练。我是宝妈，照着食谱自学烹饪。” 劳拉说，“我的第二本烹饪手册有关快餐。我不是在欧洲快餐文化中长大的，但是写了一本有关快餐的书，因为在与其他妈妈们交流的过程中，我了解到了她们在快餐方面的需求。到美食广播网上节目参加比赛，不过是锦上添花。我做了一个加煎蛋的基督山伯爵华夫饼三明治，赢得了比赛。我赢在了做真实的自己。我意识到，当你做自己喜欢做的事情时，你会勇气倍增，视挑战为机会。”

劳拉抓住了这些机会。她经常上电视，教大家做菜、分享厨房生活小窍门。她还为多个在线和纸质刊物撰稿。劳拉说，她过去的经历为她现在的生活提供了助力——她的 MBA 没白学，让她得以更好地规划事业的发展。现在，她正在寻找战略合作伙伴来帮她扩大受众面。最近，她的丈夫辞去了医疗保健公司的工作，加入了她的公司。

尽管非常渴望做大 MOMables，但是劳拉认为“慢而稳，赛必胜”。互联网创业竞争激烈，但是，劳拉认为，随着受众改变内容消费方式，她的事业只要随机应变就有很大发展空间。目前，她的工作重点是发展 YouTube 渠道，创造更多上电视的机会。“我的目标不是出名，让大家认识我。”劳拉说，“我的目标是，提供受众所需的东西来帮助她们做出健康的食物，进而让她们真正地享受这个过程。我引以为豪的是，我能提供一些小窍门、小技巧、小工具，让喂养孩子变成轻松简单的事情。”

女性迎接创意经济的到来

在“创意经济”时代，任何人都可以在一个通达世界各地的平台建立网站、打造品牌、销售产品、分享任何东西。进入 21 世纪以来，互联网让许多职业发生了变化。有了网络，任何人都可以成为作家、视频制作人、政治评论员、艺术家、电影制作人或企业家。卖东西不一定非得租个店面，发表文章不一定非得通过报纸或杂志。你不上电视也能让大家记住你的面孔，你不去电台也能让大家听到你的声音。几乎任何东西都可在互联网上分享、出售、买到、看到。

正如 20 世纪 50 年代洗衣机和洗碗机把女性从烦琐的家务中解放出来一样，现在互联网使得女性有能力在家发展事业——而且完全自己做主。许多女人是当了妈妈之后爆发了创业热情，这不是巧合。有的女人可能是出于爱好，她们辞职在家带孩子后终于有了闲心发挥自己的创造力或探索新的职业发展方向。有的女人可能是出于必要，她们当了妈妈后发现某些急需的产品或服务在市面上找不到，于是自己去开发。还有更多女人，因工作性质无法兼顾孩子而被迫辞职，尝试在家创业。这些创业女性可以在众筹平台筹集资金、测试产品、征求意见。

多年来，女性创业的比例比男性高两倍。1997—2014 年，女性推出的业务增长了 68%，美国近 30% 的企业主是女性。根据妇女政策研究所（Institute of Women's Policy Research）的报告，少数民族女性发展特别快，由少数民族女性创办的企业比 1997 年多了 265%。1997 年，六分之一的女性企业主是少数民族，不到 20 年，这一数字就增长到了三分之一。许多女性正在提供填补市场空白的产品和服务。不过，也有泼冷水的声音。有些人认为，这些女性企业主绝大多数是光杆司令，这表明女性仍然筹集不到所需的资金，无法把事业做得像男性一样成功。不过，女性终归凭自己的力量向创意经济献礼了。

以前总是想如果有一天能尽情发挥创造力就好了，而现在正是时候。

为今天铺路

我见到梅雷迪思·辛克莱的时候，她正在纽约市 Soho House[①] 蓄精养锐。她那天早上在《今日秀》一个直播环节做嘉宾，下午还要赶一个场子。那天，她的鼻梁上架着黑框复古

① 成立于 1995 年的英国 SOHO HOUSE 酒店集团，从最初的私人俱乐部发展成包括精品酒店、私人影院、高档餐厅、俱乐部及酒吧等服务在内的全球连锁精品酒店。

雷朋（Ray-Bans）眼镜，脸上留着淡淡的妆痕。她四十四岁，头发金黄，性格活泼，依然有着做小镇高中拉拉队长时轻易调动全场氛围的能力。她在宾夕法尼亚州（Pennsylvania）印第安那市（Indiana）长大——那个城市被誉为“圣诞树之都（Christmas tree capitol of the world）”，是演员吉米·斯图尔特（Jimmy Stewart）的出生地——嫁给了高中同学，高达六英尺七英寸的电视制作人乔恩·辛克莱（Jon Sinclair）。梅雷迪思开玩笑说，她和乔恩是 20 世纪 80 年代的现实版《歌舞青春》（High School Musical）。二十年前，乔恩在《奥普拉脱口秀》（*Oprah*）找到制片工作，他们搬到了芝加哥，过上了大城市生活。

过去三年，梅雷迪思一直是《今日秀》的常邀嘉宾，向孩子们介绍有趣的玩具和活动。我见到她的时候，她刚刚编好一个故事，讲的是在这个漫长而寒冷的冬天，怎样让孩子开心地玩耍。梅雷迪思成为《今日秀》嘉宾，并非偶然。她步步为营，不断磨练技能，抓住一切机会，终于实现了梦想。生下第一个儿子麦克斯韦（Maxwell）后，梅雷迪思辞去了小学教师工作，做起了全职妈妈。过了三年，生下第二个儿子（Truman）后，梅雷迪思已经厌倦了全职妈妈生活。她的兄弟建议她写博客打发时间。博客在 2003 年是新事物，她了解一下，觉得不错。于是，她在先锋博客平台 Blogger 开了博客，记录自己在家带两个小孩的生活。“只有我的家人读我的博客。”梅雷迪思说。

写博客几个月后，梅雷迪思带着孩子们逛图书馆，在《芝加哥父母》(*Chicago Parent*) 看到一则招聘广告。该杂志想要创建一个在线妈妈社区，欢迎妈妈博主带着作品集去应聘。梅雷迪思应聘成功，创建了博客《一个妈妈的生活》(*A Mom's Life*)。一年后，她对《芝加哥父母》的编辑们说：“你们还没与地方电视台合作，我想开创这块业务。”梅雷迪思只有一次上直播电视节目的经验，即到匹兹堡（Pittsburgh）PBS电视台做志愿者帮人筹款。她喜欢直播电视节目的快节奏和即兴性，想要代表《芝加哥父母》与地方电视台合作。她还觉得，自己当过小学老师，非常适合上电视。

“给二年级学生上课，是我的第一次现场直播。”梅雷迪思说，“在讲台上，你必须能够引起小孩子的兴趣，他们的注意力只能维持很短时间。我觉得，在电视上做节目，也是一样的要求——两者是相通的，正好是我的长处所在。”

找对方向

博客刚刚兴起的时候，还没人靠博客赚钱，也没人办博客大会。没有任何营销人找博主做品牌推广，只有一群女人在努力了解互联网创业，希望能在这个新兴平台上闯出一片天地。在大多数人还不知视频博客为何物的时候，梅雷迪思就看好了视频博客。“我早早入行，是唯一的专家，因为没人做，”梅雷迪思说，“有的人在镜头面前浑身僵硬，而我在镜头面前能轻松自如地主持小组讨论。我很上镜，视频博客对我而言是个合适的平台。”

梅雷迪思也花了一些时间来确定自己的写博方向，寻找自己的利基市场。她知道自己不可能什么都写，她需要专注于一两种题材。“我刚开始做的时候，还没有那么多妈妈博主。后来，妈妈博主像雨后春笋一样出现。”梅雷迪思说。妈妈博主一般围绕自己的孩子写博客，梅雷迪思也不例外。她试着做过儿童时装，让两个儿子做模特，可是两个儿子长大后，都明确表示不再配合她。后来，梅雷迪思参加 BlissDom 博客大会，听说了作家凯文·卡罗尔（Kevin Carroll）及其著作《红皮球的规则》(*Rules of the Red Rubber Ball*)。在这本书中，凯文谈到了游乐场在他童年生活中的重要作用。“里面一些关于游戏的讨论启发了我。”梅雷迪思说，“我教书时经常带孩子做游戏，这部分工作真的让我充满激情。”

梅雷迪思开始专注于游戏，想方设法从游戏角度谈论她想谈论的一切话题。即使写时尚话题，她也要在里面穿插着聊聊游戏。她开始有意地为自己打造品牌。与此同时，她还在芝加哥地方电视台的玩具和育儿节目做嘉宾，培养镜头感。她正把事业平台从互联网扩展到电视界。这样做挣不来名、挣不来利，但是有价值。“我早上五点就去电视台，倾尽所能地工作。没有报酬，但也值得，因为那对我而言是难得的训练场。”梅雷迪思说。

有底气抓住机会

梅雷迪思在2013年Mom 2.0峰会上又抓住了一个大机会。那届大会发言人有艾丽西亚·叶巴博（Alicia Ybarbo）和玛丽·安·佐尔纳（Mary Ann Zoellner），她们是《今日秀》制作人兼畅销育儿书《今日妈妈》(*Today's Moms*) 作者。梅雷迪思也发言了，围绕她的激情项目讲了五分钟。大会结束之际，梅雷迪思决定向《今日秀》制作人毛遂自荐。这是她的机会——在地方电视台做了三年嘉宾，现在她见到了一档全国性晨间节目的制作人，太难得了，不容错过。因此，在大会最后一晚的鸡尾酒会上，梅雷迪思走近那两位制作人，说她发现《今日秀》从来没有游戏环节，但绝对应该尝试一下，而且应该请她做嘉宾，因为她有很好的创意。叶巴博让梅雷迪思下周写封电子邮件，详细介绍她的创意。

在这种大会上，电视节目制作人经常碰到有人毛遂自荐，请求她们指点迷津或者看看有没有机会上节目。这些毛遂自荐的人，大都没有跟进，她们没那个毅力；即使跟进了，也没有得到试镜机会，她们还没修炼到家，提出的方案不够好。

对比之下，大会结束后没过几天，梅雷迪思就跟进了，用一封电子邮件概述了她能为《今日秀》做出的贡献。她附上了完整的脚本，连开场白都设计好了："生活方式专家梅雷迪思·辛克莱将向你展示，如何让校园生活更有趣，让孩子们欢天喜地去上学。"别人还没邀请你呢，就把自己代入那个位置，脸皮是不是有点厚？确实是，但她有那个底气，因为她为这个机会做了很多准备。"你必须奠定一些基础，这样当你遇到难得的大机会，你就有底气去抓住它。"梅雷迪思说。

三个星期后，《今日秀》邀请了梅雷迪思。"我抓住了机会。"梅雷迪思说，"回想起来，我生命中最重要的东西都是我靠这份底气挣来的。做好了前期准备，知道自己能够做到，才能从骨子里散发出自信。"

2011 年，我到犹他州（Utah）帕克城（Park City）参加某个妈妈博客大会，第一次见到梅雷迪思。当时，她正在主持有关如何拍摄酷炫视频的小组讨论。一天晚上的鸡尾酒会上，她向我提起她想写一本书。很多人有过这个想法，但一般写了一两页就放弃了。梅雷迪思则不同，她刚与哈珀柯林斯（HarperCollins）签了图书出版合同，而她的第一本书《玩好：唤醒你家玩乐精神的终极指南》（*Well Played*：*The Ultimate Guide to Awakening your Family's Playful Spirit*）已于2016年6月出版。

积跬步，至千里

上文介绍了梅雷迪思的多次华丽变身：从家庭主妇变成《芝加哥父母》妈妈博主，然后变成芝加哥地方电视台嘉宾，然后变成《今日秀》嘉宾，其间还成了哈珀柯林斯等知名出版社的特约作家。2015年，她还成为玩具行业协会（Toy Industry Association）下属非营利组织"游戏天才（Genius of Play）"的代言人，帮助展示游戏在儿童批判性思维、创造力、信心培养中的重要性。这一切都不是一夜之间发生的，梅雷迪思付出了很多时间、精力，磨练技能、打造品牌、拓展人脉、筹划奇遇……

梅雷迪思认为，女性应该明白不积跬步无以至千里的道理。什么事情都不能一蹴而就，梦想要一步一步实现。

"当今社会流行'我要的，现在就要'。"梅雷迪思说，"我认为，这种风气不可取。我们要有耐心。首先要多多尝试，找到自己真正有激情去做的事情，然后把精力集中在那件事情上，一步步提升自己，逐渐往梦想靠近。这一过程，有的人完成得快，有的人完成得慢。慢不要紧，只要在进步。途中的挫折也是有益的，可以让你汲取教训、调整方向。如果我没有连续三年每天五分钟在地方电视台一档没有多少人看的节目做嘉宾，我绝对没有信心向《今日秀》制作人毛遂自荐。”

我们大多数人，在不知要转往哪个方向或者下一步要做什么的时候，可能会迷茫、烦躁，在运作一个项目或创办一项事业迟迟不见进展的时候，可能会忐忑、无助。但是，梅雷迪思认为，只有忍受这些心理煎熬，才能守得云开见月明。

“没有动静的时候，往往是在酝酿。”梅雷迪思说，“这个阶段最难熬。认识到它是成功的必经之路，认识到它的价值所在，你就更容易熬过去。”

不舒服的感觉，习惯了就好

美国海豹突击队（US Navy SEALs）流行一句口头禅：“不舒服的感觉，习惯了就好。”其中的不舒服感既指身体上的又指心理上的。创业公司 Landit（一个类似 LinkedIn 的求职平台，但专为女性而设）首席执行官兼创始人丽莎·斯基特·泰特姆（Lisa Skeete Tatum），十分认同海豹突击队的口头禅和梅雷迪思的理念。“做首席执行官是非常不舒服的。”丽莎告诉我，她经常凌晨2点半就醒来，因为企业发展的件件事情都要她操心。但丽莎认为，女性需要走出舒适区。“那样才能学到更多东西，更快地成长。”她说。大多数企业家都有类似的不舒服感——经常是喜忧参半。舒服的时候，你会安于现状。不舒服的时候，你会发愤图强。发愤图强，就会采取行动，而行动带来信心。梅雷迪思把不舒服感转化成了底气，进而抓住机会成为一档全国性电视节目的嘉宾。

梅雷迪思通往《今日秀》的路，是她自己铺的。有趣的是，她利用她在网络媒体界积累的经验打入了传统媒体界。梅雷迪思不是品牌专家也不是营销专家，但她知道如何把自己做成品牌、如何进行自我营销。她积极参加妈妈博客大会和妇女大会，主动在大会上发言，好让大家认识她本人以及她的事业。她通过她的博主圈认识了一位图书代理商，谈成了图书出版合同。她在大会上遇见《今日秀》制作人，于是向她们毛遂自荐——就像我们在第3章讨论过的那样，她筹划了这一奇遇。她狠练基本功，有了底气，大胆抓住了机会。2015年，她欣然答应做“游戏天才”的代言人，好赋予她的个人品牌以庄重感。现在，她作为游戏产业的代言人之一，正在华盛顿特区出差。

劳拉·富恩特斯也走出了舒适区。做了几年全职妈妈后，她意识到她必须做点事情，免得脑子生锈。于是，她一边写博客，一边开发冷鲜盒。冷鲜盒原型摔坏了后，她认识到自己不适合从事产品制造和零售业务。另外，结合人们在她博客上的留言，她认识到妈妈们需要的其实不是便当盒，而是便当制作方法。于是，她推出了 MOMables。从此，她的事业越做越大，受邀出了烹饪手册，受邀参加厨艺大赛还赢了，受邀做电视节目嘉宾……劳拉和梅雷迪思都走出了舒适区，大胆冒险。她们都一步步实现梦想，还调整了最初的目标。她们都创造了自己的奇遇，她们都打响了自己的品牌。

补充一点，在我写完这章的时候，梅雷迪思的生活又要发生大变化。丈夫工作的原因，她即将搬到洛杉矶。她说她从未想过她会永远做电视节目嘉宾或品牌代言人，这种状态至多会再持续五年。也许某一天，她会开个游乐场、玩具店，甚至游戏教学式学前班。就像第 3 章介绍过的“相邻可能”及开门比喻一样，梅雷迪思给自己准备敲门砖，敲开一扇门，进入一个房间，又敲开一扇门，进入另一房间……“我从现在出发规划我近几年的未来，”梅雷迪思说，“但我不想五十二岁时还在从事游戏相关行业，那不是我的理想。我在那个年纪会做什么，我并不知道，但总归是我有激情去做的事情。”

第 10 章

大方推销自己

“要想让自己无可替代，你必须总是与众不同。”

——可可·香奈儿（COCO CHANEL）

我不是碰巧遇到利斯·斯特恩的。四十二岁的她，当时正在纽约市第五大道伊丽莎白雅顿红门水疗（Elizabeth Arden Red Door Spa）“放松室”。几个小时前，她在照片墙上发了一个帖子，说她正在休“妈咪假（Mommy Time Out）”做保养。她套着宽松的白色长袍，黑色头发随意地绾成一团堆在头顶，正在工作。她向我保证，她确实在工作。对利斯来说，在照片墙发帖是一部分工作——推广她的品牌，发展她的事业。她以 Divalysscious Moms 或 Diva Moms（后者更常用）为商号开展奢侈品牌活动策划业务，盈利颇丰。她为她自己和她的事业做出了品牌，我一直想就这点采访她。所以在照片墙看到她的帖子后，我就出门找她。一个小时后，我来到红门水疗“放松室”，轻轻坐在皮革躺椅边缘，小声向她提问——那里不准喧哗。

“我认为，我之所以能做大事业，是因为妈妈们信任我。休‘妈咪假’，天经地义。”利斯说，“妈妈们也要有自己的时间和空间，否则会疯掉。”

用真诚做大 Diva Moms

利斯靠她的真诚和坚持不懈的自我推销，把一个在 FAO Schwarz 玩具店和 Dylan’s Candy Bar 糖果店主办亲子活动的小公司发展成了一个针对高端消费品牌和纽约市房地产开发商的真正直销公司。利斯庞大的数据库（收集了近百万名女性的资料）和巨大的社交媒体关注量对公司很有吸引力，连好莱坞演员经纪人也想与她合作。利斯每天都——有时一天多次——发推特、贴照片、与 Diva Moms 会员交流。利斯在社交媒体上发布的一切内容都是她亲自制作的。她没有找枪手。

1996 年从锡拉丘兹大学（Syracuse University）毕业后，利斯白天为备受好评的名人公关佩吉·西格尔（Peggy Siegal）工作，晚上在纽约大学（New York University）攻读传播学硕士学位。利斯在公关那行做得精疲力竭，两年后回到学校，又读了一个早期教育硕士学位。利斯喜欢教书，在纽约上西区（Upper West Side）犹太教会走读学校 Rodeph Sholom’当了六年幼儿园和托儿所老师。2004 年，利斯生下第一个孩子，产假期间参加了一次“妈咪午餐会（mommy lunch）”，回到家里闷闷不乐。她惊讶地发现，当了妈之后，可以参加的有趣活动竟然那么少。丈夫布赖恩（Brian）问她“今天过得怎样”，她说：“我参加了一个妈咪午餐会，很没意思。我要自己创业，为妈妈们组织有趣的活动。”

那时，纽约市基本上没有针对手里有钱、肚里有墨的妈妈们的时尚活动。利斯认为她找到了一个空白市场，于是从退休金账户取出三千美元，创办了 Diva Moms。现在，利斯每年主办近百场讲座、签名售书会、产品发布会等活动。她做什么都不忘推广她的品牌。她在脸书、推特和照片墙发帖，都会标上 fabULyss 或 DeLysscious，末尾都会署上“Big XO”，还会把得意之作放入“Lysst”。利斯明白，过分的自我推销会让一些人厌烦。事实上，她的亲朋好友最初反对她用“Divalysscious”作商号（这个含有她名字的商号，是她看到 Barney 百货公司女售货员评论后一时兴起想到的）。“我记得大家都对我说，‘你不能这样做’。”利斯说，“谁这么自恋，把自己的名字放在公司的名称里？我说‘卡尔文·克莱恩（Calvin Klein）放了，唐纳·卡兰（Donna Karan）放了，马克·雅各布斯（Marc Jacobs）放了，我们就是要放’。”利斯坦承，有人不喜欢她、看不惯她，认为她做过头了。但是，她也有忠实的追随者，总是给她捧场。她经营 Divalyssicious 品牌近十二年，每当她在“Lysst”发帖子，都会引人关注——所推介的产品、图书或服务会热销起来。这全都是因为她的真诚。“给自己做品牌，最重要的是真诚。”利斯说，“你不能假装，也不能作秀。很多妈妈成了我们的追随者，听取我们的意见和建议。”

让你的品牌与时俱进

利斯还有一门绝技：嗅出潮流风向。20 世纪 80 年代末，她是中学第一个用酷酷的 Gear 包，穿 EG Smith 袜和 Hot Dogger 慢跑服的女孩。利斯能把她的事业做得那么好，原因之一就是她天生会预测流行趋势。“我们总是处在时尚前沿。”利斯说。

在热辣的《五十度灰》（*Fifty Shades of Grey*）三部曲传到美国之前，利斯已在阅读并在社交媒体推广情色小说。2011 年，利斯联系到英国作家 E·L·詹姆斯（E. L. James），提议在纽约为詹姆斯举办一场签名售书会（詹姆斯当时正在通过澳大利亚一家在线出版平台以电子书和按需印刷纸质书形式来销售她的系列作品）。詹姆斯接受提议，签名售书会于 2012 年 1 月举行。参加这场活动的 Diva Moms 会员，有一个是企鹅兰登书屋（Penguin Random House）旗下古典书局（Vintage Books）的执行编辑。签名售书会之后不久，詹姆斯与古典书局签下了北美出版合同。

利斯还想方设法与为妈妈们提供产品或服务的商家联合进行品牌推广。另外，她与人合著了《如果你给一位妈妈一杯马蒂尼》（*If You Give a Mom a Martini*）等书，还为 NickMom 和 Scripps 写了系列短篇网文。自利斯开创“妈妈”活动与营销业务以来，从事这个业务的人越来越多；尽管如此，利斯相信她的事业还会继续成功发展下去，只要她能让她的品牌做到与时俱进。“灵活适应必不可少，但同样重要的是，始终做自己，再怎么变化也不能偏离这个大方向。”利斯说，“我的母亲总是告诉我，等红灯的时候，不要羡慕左边的保时捷（Porsche）、右边的捷豹（Jaguar），要专注地走自己的路。”

不再是名人专有物

个人品牌不再是名人专有物。你不一定非得是卡戴珊（Kardashian），才在意你的公众形象。你不一定非得像利斯那样要在社交媒体上发展一项每年进账百万的事业，才重视你的品牌营销。

阿莉莎·利希特（Aliza Licht）在畅销书《留下你的印章：找到理想工作，突破发展瓶颈，玩转社交媒体》（*Leave Your Mark：Land Your Dream Job，Kill It In Your Career，Rock Social Media*）中写道："打造个人品牌，就是弄清什么样的你才是最好的你，然后每天努力做最好的自己、展现最好的自己。"

阿莉莎深谙品牌建设之道。她是传播和社交媒体大师，因在唐纳·卡兰近二十年的创新工作被《纽约邮报》奉为时尚界的尤达①。2009 年，正当商家琢磨怎样在社交媒体进行品牌推广之时，阿莉莎成了社交媒体达人。阿莉莎化名 DKNY PR GIRL 写推特，打造出一个魅力四射的时尚公关形象。受电视剧《绯闻女孩》（*Gossip Girl*）的启发，阿莉莎把 DKNY PR GIRL 设想成唐纳·卡兰的虚拟形象代言人。她以日记形式记述 DKNY PR GIRL 在外行人看来不可思议但在内行人看来实属正常的生活，引起轰动。DKNY PR GIRL 的"粉丝"增长到 38 万人时，唐纳·卡兰在 YouTub 发布一个介绍纽约时装周幕后工作的视频，暴露了阿莉莎。2015 年，阿莉莎离开唐

① 《星球大战》里重要的人物，德高望重的绝地大师。培养了一代又一代的绝地战士。

纳·卡兰时，DKNY PR GIRL 的“粉丝”已经增长到了 54 万。之后，唐纳·卡兰让 DKNY PR GIRL 退役了。

重复提高声誉

四十二岁的阿莉莎一贯注重个人形象。她上大学期间，总要“打扮一番”才去上课，从未穿着睡衣、戴着发带跑出宿舍。她喜欢红色，经常染红发、涂红唇，红发、红唇是她的签名标志，已经成了她个人形象的一部分。辞去唐纳·卡兰全球传播高级副总裁工作后，阿莉莎并没想好接下来要做什么。“我现在仍然觉得那份工作非常不错，只是对我而言不再具有挑战性，继续做下去总觉得自己像是缺了一部分。所以，我辞职了，但还没做好下一步计划。”阿莉莎说。

为了弄清接下来做什么，阿莉莎首先列出了她的能力。她说，当你从事或应聘某份工作时，你在自我介绍中只会提到与之紧密相关的一些能力，可是，当你思考你能做什么事情时，你能列出很长一个清单。“我惊讶地发现，在时尚界混了二十多年，我竟然学到了这么多东西。”阿莉莎说，“我列出了我能做的许多事情，但是我能做一件事并不意味着我想做那件事。那么我究竟想做什么？”

阿莉莎意识到，她在骨子里是个故事家，在为宣传某个品牌构思一个故事并设法在数字媒体上将其演绎出来的时候最兴奋。阿莉莎说，许多辞掉理想工作、想要重塑自我的女性，面临的第一个难题是怎么介绍自己。“当你用‘前××’介绍自己，你就生活在过去。”阿莉莎说，“我认为，你的自我介绍必须让人关注你的现在和未来，还必须让人很快弄清你是谁、你在做什么。”

阿莉莎信奉一句格言：重复提高声誉。

“我认为，不管你做什么，你都有必要弄清你是谁，想要展现什么形象、传达什么讯息。”阿莉莎说。还要注意，言行一致、表里如一。阿莉莎离开唐纳·卡兰后写的品牌建设红宝书《留下你的印章》，指导着她追求其他创意事业——包括她以自己名字命名的品牌建设与数字战略咨询公司。“我认为，创业之前，你必须对自己有清晰的定位，弄清你想要做什么。”阿莉莎说，“而且，你要知道，你不必完全想清楚之后才开始着手实施。没人能完全想清楚，都是走一步看一步。”

人人需要公关

二十九岁的梅雷迪思·法恩曼（Meredith Fineman），五年前辞掉数字战略咨询工作，一门心思创业。她血液里流淌着创业因子，之前总在主业（包括学业）之外倒腾一些副业。在宾夕法尼亚大学（University of Pennsylvania）读书期间，她在夜总会做过促销员。大学毕业后，她在布宜诺斯艾利斯（Buenos Aires）为广告公司 Young & Rubicam 工作过，在华盛顿特区做过自由撰稿人，所写博客风趣幽默，圈了很多“粉丝”。一开始，梅雷迪思认为，辞掉全职工作去创业并不现实。但是，闯荡了几年后，她发现公关是她的强项，相关工作总是做得非常出色。因此，2009 年，二十五岁的梅雷迪思，辞掉了全职工作，创办了公关公司 FinePoint。

之后的三年，梅雷迪思帮助客户推广从生活方式到科技产品的一切东西。在这一过程中，她注意到，科技公司首席执行官和创始人让媒体很感兴趣。他们正在成为一类新的名人，形成了个人品牌，获得了很多“粉丝”。当然，其中有公关人的功劳——帮他们营造媒体形象，为他们争取更多发展机会。但是，梅雷迪思发现，只有有钱人才可享受公关的好处，是不公平的。她开始思考，怎样让公关惠及普通大众。她认为，公关应该看成一种人人都可以也应该学会的通用能力。梅雷迪思发现，她遇到的女性，不管处在职业生涯哪个阶段，往往羞于谈自己、谈自己的工作。梅雷迪思认为，这意味着一个巨大的机会：她要帮助女性为自己的事业做公关，还要帮助女性把公关技巧运用到自己的生活当中。

“在一个品牌就是一切的时代，谈工作是做工作的一个重要部分。” 梅雷迪思说，“职场流行一句忠告，少说多做。这句忠告误导了很多人。光说不练确实可耻，可只知埋头苦干也不可取。你要学会在恰当的时候以恰当的方式谈自己、谈自己的工作，这样才能让人了解你、了解你的工作，进而争取更多机会、得到更多支持。随着创业经济的到来，品牌建设会变得越发重要。我鼓励人人学习公关能力，打造出自己的品牌。”

自卖自夸或找人捧你

梅雷迪思要为自卖自夸正名。她不认为自卖自夸是贬义的或不齿的，她觉得女性需要学会自卖自夸。“女性不习惯谈论自己做了什么、取得了什么成绩，结果白白把功劳让给别人。” 梅雷迪思说，“你要说出来，才能让人了解你的工作，特别是当你从事的工作比较新颖之时。自卖自夸是对职业发展越来越重要的一门技能，无论你是在求职，还是在向董事会提建议，还是在争取天使投资。”

梅雷迪思还认为，女性之所以不夸耀自己，另外一个原因是不知该如何夸耀自己。于是，她把 FinePoint 发展成一个向女人传授自夸技巧的平台。梅雷迪思认为，能否成功打造出个人品牌，关键不是看智商有多高、能力有多强，而是看会不会进行印象管理。具体而言，你要用文章、演讲、视频、图形、照片等作品凸显你的专长（或者“超能力”，如前所述）。也就是说，要让公众通过你的作品认识你、记住你。

但是，许多女性很难大方地推销自己，觉得与他人分享自己所做的事情、取得的成绩是很不舒服的事情。梅雷迪思希望女性克服这种不舒服的感觉。她说，你必须为你的工作背书，做你自己的品牌代言人。她建议，发帖求点赞、求转发，不要用消极语句，比如“我厚着脸皮为我新写的文章打广告”，要用积极语句，“我真的很自豪为×写了这篇文章，欢迎大家评论并转发”。真诚，友善，说重点。

“当你明白什么是知名度、知名度为什么重要，当你学会了一些公关策略，你就能大方地推销自己，不再为夸耀自己感到难为情。”梅雷迪思说，“运用公关策略推销自己、夸耀自己，是形象策划。形象策划不同于虚伪作秀，它让人看到最好但真实的你，进而为你创造更多机会、帮你取得成功。”

记者杰西卡·贝内特（Jessica Bennett）也明白自卖自夸对女性的重要性，其中的自卖自夸要有技巧，特别是要不惹人厌。在《女权搏击俱乐部：办公室生存手册》（*Feminist Fight Club：An Office Survival Manual*）一书中，她建议“通过抬举别人来捧高自己”，找个“捧场王”帮你推销自己。“捧场王，”杰西卡写道，“是你的炒作人。她捧你，你捧她，你们不留痕迹地抬高彼此的形象。”研究表明，找人捧你是有效的，即使那人明显言过其实。

职业转型管理

梅雷迪思经常与各行各业的人打交道，其中不少人当时正处在职业转型期，有的从法律界转向风投界，有的从传统生产或销售领域转向时尚创意或生活方式领域，等等。他们都面临一个问题，即如何打造新形象。阿莉莎·利希特也同意，转型要做的第一件事就是，重新设计自我形象，然后把新的自我形象传播开来。“转型失败的最大原因往往是，没有重新塑造一个明确、一致的自我形象。”梅雷迪思说。梅雷迪思建议，打算换行的人应该重写自传，罗列目标行业看重的经历、技能、成绩，还应该相应地转变自己个人网站（如有）传达的信息。梅雷迪思说，转型成功的关键在于，了解目标行业需要什么样的人才，照着那个标准重新打造自己。

从公关行业转向猎聘行业的凯伦·施内克·利普曼说，一个有用的转型策略就是，看看谁正在从事你想要从事的职业，对比一下她的简历和你自己的简历，找出两者之间的差距，填补差距。“首先明确求职目标，然后寻找榜样模板。”施内克·利普曼说，“上 LinkedIn，以你的目标职位为关键词搜索在职者的档案。对照她们的职业发展轨迹，确定你需要做些什么来到达她们所处的位置。如果你已经有了所需的经历、资质，那么相应地调整你的简历即可。”

找工作：展示个人品牌的实用技巧

我不是人力资源专家，但我经常接受面试或做面试官，有了一套心得。过去，我为写求职信不知耗费了多少脑细胞。但是现在，在线应聘意味着招聘经理不会花太多时间看求职信。因此，求职信不必超有创意，但求言简意赅，开门见山地表明你对目标公司有所了解。另外，求职信千万别有拼写或语法错误。求职信注意这几点就可以了，主要精力应该用于准备自传、简历或作品集（如果你被要求提供作品集的话）。

阿莉莎、梅雷迪思、凯伦三位大师就如何通过自传、简历或作品集展示个人品牌提出以下建议。

让自传出挑

梅雷迪思说，每个人都要有职业生涯自传，而且要让各网站各平台上的版本保持一致、及时更新。自传应该说明你是谁、做过什么。每个人都需要一个长自传、一个短自传、一个超短自传。长自传有一整页字，可以放到个人网站。短自传只有一段，往往就是长自传的第一段。超短自传有两行字，可以放在署名下方或者会议名牌上面。超短自传的编写，适用电梯法则①。想一想，如果只有十到十五秒时间，那么你要怎么介绍自己。你是企业家？销售员？故事家？以此为基础，用极具吸引力的语言简明扼要地描述你是谁。如果你觉得很难描述自己，那么让朋友或导师帮你参谋参谋。

> **及时更新，注意用语**。梅雷迪思还建议，每六个月更新一次自传，写上你的最新变化。注意用语，用主动语态，大方展示你的成绩，让人从字里行间看出你的实力和干劲。

> **设置链接，展示成果**。任何在线自传，如有可能，都要设置链接，让人点击一下就能看到你的工作成果，比如你策划的营销活动的视频，你的演讲视频，你发表的文章，你获得的嘉奖，你做的在线课程，等等。

① 电梯法则，即用极具吸引力的方式简明扼要地阐述自己的观点。

自卖自夸，但要专业。自传不该仅仅罗列你的教育经历和工作经历，应该主要描述你做过的项目，每个项目你具体有什么贡献、得到了什么奖励。自传可以列出激情项目，或者兴趣、爱好之类，但不要写得像“杰西卡闲暇时喜欢小酌一杯”那样随意。那种话可以写在社交媒体个人档案里，但是不可写在职业生涯自传里。另外，自传不要列 Excel 或 Photoshop 之类技能，那些技能现在太普及了，大家应该都会，不值一提。

打造有效简历

你的简历是你进行自我营销的工具。专家认为，求职者应该根据目标行业、目标公司乃至目标职位打造具有针对性的简历。我有两个基本简历，分别针对不同的方向，一个偏向公关，一个偏向编辑。每次应聘，我会从中选一个，根据公司和职位的具体要求进行微调。

利用 LinkedIn。凯伦建议，定下自己想要从事的工作后，就上 LinkedIn 查找正在从事这类工作的人，仔细研究她们的档案。“LinkedIn 个人档案是很好的参考资料，你可以比照着调整自己的简历，这样做事半功倍。”她说。

会用关键词。现在，公司大都通过在线方式接收简历。收到的简历过多，招聘经理一般会用关键词筛选简历。对照应聘职位的具体要求，检查你的简历，看看你的用词是否与招聘经理的用词一致。

找到匹配点。“简历不要造假，”凯伦说，“要如实描述自己，但是这个描述要与你应聘的工作对应起来。想一想：我的技能和经验与我应聘的工作有哪些匹配点？把匹配度高的排在前面，招聘经理一般就看你排在前面的两条。”

用行为动词。最好用“生产”“管理”“交付”之类行为动词描述你在项目中起到的作用、做出的成果。

打理社交媒体

谈到打理社交媒体，阿莉莎建议，按自己的节奏打理即可。每天或每周发多少条推特或多少个帖子，并没一定之规。阿莉莎化名 DKNY PR GIRL 写推特期间，并没创建内容日历。只要发生了值得记述的事情，她就实时发布。阿莉莎认为，即兴而发，才显真实，正是这份真实让 DKNY PR GIRL 圈了不少“粉丝”。但是，因为不同的社交媒体有着不同的受众，所以你在一个社交媒体发的东西可以迥异于你在另一个社交媒体发的东西，比方说在一个社交媒体主要发照片或视频，在另一个社交媒体主要发文章链接。重要的是，根据受众反响，及时换上她们感兴趣的内容。具体建议不好提，因为推特、照片墙、色拉布之类社交应用程序非常与时俱进，现在提的建议到本书出版时也许就过时了。好消息是，迅速在谷歌搜索一下有关社交媒体的最佳做法和主要趋势，学以致用，你也可以成为社交媒体达人。

保持真实。内容贵在真实，即如实反映你自己和你所在的行业。

尽展精彩。数量并不重要，重要的是要有吸引人的亮点。

打理网站。在创业经济时代，每个人都应该拥有自己的网站，来展示自己的工作。过去，打理个人网站，需要自己懂 HTML，或者花钱请网络工程师。几年前，我创建了一个网站。说实话，那个网站打理得很差，因为我一直没有学会网站维护技术。好消息是，那个时代已经过去了。现在，借助 Branded. me 之类平台，个人网站非常容易创建和维护。

创建个人网站，把你的简历、自传、作品集、博客、照片、视频等任何展示你的工作的东西归到一起，是自我营销的一个很好方式。弄个登录页，让谷歌可以搜到，因为招聘经理在考虑是否录取一个人时一般会首先通过谷歌搜索这个人的信息。

创建个人网站，不仅可以发挥你的创造力，而且可以管理公众对你的印象。如果本章有一条需要牢记的制胜之道的话，那就是营造你的形象、打造你的品牌。

第 11 章

重返职场

“你有自己的思想，你有远行的能力，你可以在你选择的任何方向上驾驭你自己。”

——苏斯博士（DR. SEUSS）

2003 年 10 月 23 日，丽莎·贝尔金（LISA Belkin）为《纽约时报杂志》(*New York Times Magazine*) 写了一篇封面故事，探讨所谓的“退出革命（The Opt-Out Revolution)”：美国受教育程度最高的女性，在职业发展的关键时刻，离开职场，心甘情愿回到家里带孩子。为写这篇文章，贝尔金采访了八名在普林斯顿大学获得学士学位且继续在全国一流大学获得硕士学位的高成就女性。她们的丈夫薪资很高，偿还助学贷款（如有）和房屋贷款完全不是问题。

“为什么女人不掌管世界？”贝尔金写道，“也许因为她们不想。”

这篇文章引发了激烈争议，而且争议并不限于女权主义者中间。有人抨击精英阶层的优越感，还有人抨击贝尔金本人。有人尖锐批评道，贝尔金说的是少部分有钱的女人，没有考虑更一般的社会现象：大部分女性是被迫离开职场回家带孩子的。之所以被迫离开，是因为带薪假期太少、弹性工作时间政策不够普及、幼托市场鱼龙混杂。这些问题，那篇文章都没讨论。之后，其他媒体纷纷跟风。《60 分钟》（*60 Minutes*）开设了一个版块，重点关注另一批超级高成就女性。用通讯员莱斯利·斯塔尔（Leslie Stahl）的话说就是，那些女性正在“放弃金钱、成功、远大前程”成为全职妈妈。

退出：其实不是一种选择

那些有关女性退出职场的报道，大多把退出视为女性的个人选择，忽略了它的真正原因——激烈的社会变革和过时的职场体制。毕竟，对于大多数女性来说，退出其实不是一种选择。那些报道，虽然招致了一些批评，但也引起了一些女性的共鸣，其中包括我。读《纽约时报杂志》那个封面故事、看

《60 分钟》相关报道时，我是一个三十二岁的妈妈，有一个蹒跚学步的儿子和一个仍在吃奶的女儿。那些报道触及了大多数女人都有的焦虑：当了妈之后，无论做什么都是错。那些报道还加重了我的担心：其实没有办法让我一边追求事业成功一边陪伴孩子成长。毫不奇怪，那些报道都没提到爸爸或男伴，也没提到企业文化乃至社会环境。家庭—工作平衡，成了一个个妈妈独自面对的难题。

“选择退出报道屡见不鲜，也许说明我们国家仍然倾向于从个人价值观而非社会经济政治角度考虑家庭和当妈问题；而许多人认为，若从社会经济政治角度考虑上述问题，我们就必须背离美国社会传统、采取欧式社会政策，而这会削弱我们的资本主义竞争优势。”希瑟·休伊特（Heather Hewett）2005 年在文章《实话实说：重写选择退出报道》（*Telling it Like it Is*：*Rewriting the Opt-Out Narrative*）中写道。

生了女儿之后，我没有选择退出，而是在被迫退出后很快想办法回归了。我找到了一份临时工性质的全职工作，即在 CNN 早间节目《早安美国》（*American Morning*）担任制作人。我入职 CNN 那天，我的女儿才满六个月。我不得不给她断奶，因为 CNN 办公室没有哺乳室或任何私密地方可供我喂奶。我接受了这一事实。作为一个刚刚入职的临时工，我觉得自己没有资格让 CNN 给我提供特殊待遇。找到了一份全职工作（尽管是临时工），我高兴都来不及呢。

我入职 CNN 那天，恰好是在《纽约时报杂志》刊登那个封面故事之后不久。生了二胎之后，我不得不在家休息了几个月。这几个月，我除了带娃外，还抽空采访妈妈们，在此基础上写了我的第一本书《如何做到事业家庭两不误：上班妈妈的秘密武器》(*How She Really Does It*：*Secrets of Stay-at-Work Moms*)。在我写这本书的时候，丽莎·贝尔金正在写那个封面故事。我们好像在 PK，我代表上班妈妈，她代表全职妈妈。上班妈妈 PK 全职妈妈，当时风靡一时。

妈妈之间的战争

没有什么比女人掐架更让媒体兴奋了，而 21 世纪初经常上演“妈妈之间的战争”。2002 年 10 月 21 日，《纽约时报杂志》刊登了一篇封面故事，主标题很挑拨：《妈妈 PK 妈妈》(*Mom vs. Mom*)；副标题很煽情：《过去是两性之间的斗争，现在是妈妈之间的斗争。上班妈妈与全职妈妈正在唇枪舌剑，争论哪种妈妈更好》。

《纽约时报杂志》喜欢煽风点火，这次搞出了大事情。那篇文章满是评判，不断提及所谓的选择，直击女人最脆弱的那部分自我：你是一个好妈妈吗？“当妈，确实给人快乐，但现在常常让人心生嫉妒、怨恨、内疚。”小拉尔夫·加德纳（Ralph Gardner Jr.）写道。讽刺的是，那篇文章是个男人写的。尽管如此，那篇文章还是让我以及其他女人大为震撼。文章附上了一张全职妈妈的照片：金发，穿着无袖衬衫，露出健美的手臂——说明她有大量时间跟着教练健身。她幸福，不过，她也有自己的苦恼。“瘦身压力很大。”她说。文章也附上了一张上班妈妈的照片：黑发梳得一丝不苟，表情严肃，穿着西装；坐在她臂弯上的儿子，眼神茫然，没看镜头，也没看妈妈。这张照片中的母子关系很淡，暗示女强人当不好妈妈。她很有可能也不是个好妻子或好女伴。

那篇文章可以说用夸张手法描述了上班妈妈与全职妈妈之间的斗争。这个斗争是否存在尚且存疑，但这不妨碍它继续成为很多电视节目的素材。2003 年 11 月 10 日，电视脱口秀《菲尔博士》（*Dr. Phil*）甚至真的把全职妈妈放在一个阵营，把上班妈妈放在另一阵营，让两方争论哪种妈妈更好。这个斗争，无论是真实的还是假设的，结果都是两败俱伤。我们不是相互扶持，而是互相指责。

在《看透妈妈之间的战争：到底谁在决定什么样的妈妈

是好妈妈》(*The Truth Behind the Mommy Wars: Who Decides What Makes A Good Mother?*)中，女权主义学者米里亚姆·佩斯科维茨（Miriam Peskowitz）从自己的亲身经历出发（女儿出生后，她辞去终身教授职位，算是做出了很大的牺牲），探讨了当今社会生儿育女面临的问题，剖析了这个问题的深层根源。“它们都反映了一点，即今天的爸爸妈妈们受到两面夹击：一面是一条假设，即假设社会是平等的；另一面是一个现实，即社会实际上并不平等。生儿育女面临的问题，表面上是当上班妈妈还是全职妈妈问题……实质上是个严重的体制问题。它是一个经济体制的遗留问题：在那个经济体制，男人是主要劳动力，女人没有什么社会地位，只能待在家里相夫教子。”她写道。

自《纽约时报杂志》刊登“妈妈 PK 妈妈”以及“妈妈之间的战争”和“选择退出一代”成为新闻头条起的十几年间，经济出现巨大动荡，汽车、金融等行业几近崩溃。报社和杂志社纷纷倒闭，零售业和房地产遭受重创。2007—2009 年的经济衰退，让几百万人陷入水深火热，使许多家庭濒临破产。事实上，自那些首先由贝尔金报道的女性离开职场以来，整个经济都被颠覆了。由于科学技术的发展，许多行业和工作缩减了、转变了，甚至完全消失了。在这段时期，强调妈妈要以孩子为中心的文化也发生了变化。21 世纪初流行“一切给当妈让路（Surrendering to Motherhood）”，现在流行“差劲妈妈（Sh * tty Mom）”①。在后经济衰退时期，也许妈妈们放了彼此一马。今天，也许我们少了一些自以为是，多了一些谨言慎行。或者，也许因为有关妈妈的报道普遍承认当妈的人也有各种缺点并且接纳这一事实，所以我们进入了一个不再评判妈妈的时代。谁知道？但是，如果我们不是“相互斗争”，而是团结一致相互扶持，那么我们无疑将有更多力量去创造我们急需的变化。

选择回归

在贝尔金发表“退出革命”十年后的 2013 年，朱迪思·华纳（Judith Warner）重新采访了那些在 2003 年离开职场的女性，并在《纽约时报》发表了一篇文章《选择退出的一代想要回归》（*The Opt-Out Generation Wants Back In*）。华纳发现，那些十年前潇洒离开职场的女性，现在身陷财务危机，后悔当初的选择。其中一个女人，当初放弃了甲骨文年薪 50

① 两个都是书名，前者全名是 *Surrendering to Motherhood: Losing Your Mind*，后者全名是 *Sh * tty Mom: The Parenting Guide for the Rest of Us*。

万美元的工作，回到家里在大房子照顾三个孩子。现在，她离婚了，在一家超市对面租了一间公寓住着，工资是之前的20%。

21世纪初离开职场的已婚妇女并没料到经济会崩溃——没人料到。而且，她们可能并没准备好面对离婚或丧偶后的财务困境，或者在经济上依赖丈夫导致的丧失自我。当时，她们当中许多人把事情想得很简单，以为名牌大学毕业是很好的保障，可以让她们随时杀回职场。可悲的是，情况并非如此；而且，对于大多数女性而言，现实并非如此。近三分之一受过大学教育的女性，为了照顾小孩或老人而离开职场一段时间，之后发现回归之路异常艰难。

人才创新中心（Center for Talent Innovation）创始人西尔维亚·安·休利特（Sylvia Ann Hewlett）考察了女性重返职场的难度。根据休利特发表在《哈佛商业评论》的研究，37%长期离职的女性高素质人才，其中只有40%再次找到全职工作。她还发现，重返职场的女性遭遇了大幅降薪，比离开职场前平均低16%。“重返职场难得令人心痛。”休利特在《纽约时报》发表了一篇文章，对朱迪思·华纳说。而且，离开职场的时间，有人很长，有人很短。2015年，哈佛商学院发布了一个报告“生活与领导力（Life and Leadership）”。报告者对哈佛商学院校友进行了调查，结果发现女性生育之后离开职场的时间长度存在很大差异。全职在家带小孩的“X 世代”和“婴儿潮”世代校友，30%离开职场五年以下，22%离开职场五年到九年，48%离开职场十年或十年以上。

千禧世代迫使企业做出改变

以上数字说明形势严峻，但好消息是形势正在转变。有迹象表明，企业开始重视女性人才流失现象。放任女性离职又不接纳返职女性，企业多年后终于自食其果。领导层（特别是最高层）性别比例严重失衡，业务终于受到严重影响。许多研究表明，高级职位女性比例较高的公司，业务做得较好；所以，积极招聘和挽留女性人才，不仅是社会公平的要求，而且是业务发展的要求。

过去几年，法律、金融、咨询和科技行业一直在积极帮助女性重新就业。J. P. 摩根、高盛（Goldman Sachs）、瑞士信贷（Credit Suisse）、摩根士丹利（Morgan Stanley）、德勤（Deloitte）、麦肯锡和多家大型律师事务所推出了中年实习和再次入职计划（具体内容多种多样，有为期十周的课程班，也有为期一年的带薪实习），为离开职场一段时间的女性提供必要的培训，让她们更新过时的技能，以便她们重返职场。

职场体制改革的参与者还有正式成为劳动力主力军的“千禧世代”。他们追求生活质量，不想成为工作狂，喜欢比较自由的工作。在他们的逼迫下，企业不得不纷纷采取措施，比如实行弹性工作时间制、允许在家办公等，以营造能够吸引他们的企业文化。研究发现，“千禧世代”说，他们不愿为了加薪、升职而牺牲工作之外的生活，做得不开心就会走人。根据皮尤研究中心（Pew Research Center）的说法，“如果有得选，那么64%的‘千禧世代’会选择允许在家办公的工作，64%的‘千禧世代’会选择上班不用打卡的工作”。千禧世代不仅觉得有权在工作之外还有生活，而且相信一些科技手段可让工作摆脱时间地点的限制。于是，这些科技手段开始受到因“千禧世代”跳槽而焦虑的公司的关注，也受到因女性人才流失而焦虑的公司的关注。因此，这个时候也许是女性重返职场的最佳时机：不用因为曾经中断职业生涯而觉得羞耻，不用因为灵活的工作方式而觉得自己是边缘人，可以心安理得地追求自己一直追求的东西——圆满的事业和美满的家庭。

另外一个好消息是，有几家由女性经营的新公司正致力于为女性重返职场并做到事业家庭双丰收创造条件。这些新公司打造出技术平台，把希望重返职场的女性联系起来，为她们提供指导和鼓励，还向企业推销她们、说服企业录用她们。

帮助女性重返职场

辞去美国职业棒球大联盟（Major League Baseball，MLB）副总法律顾问工作，做了全职妈妈两年后，詹妮弗·盖夫斯基（Jennifer Gefsky）渴望回去工作。像许多雄心勃勃的女性一样，詹妮弗原以为她可以一直做到事业家庭两不误。“我从未料到我会离开职场，但生活就是这样。”詹妮弗说。对她来说，“生活”指四十岁怀上第三个孩子。

七年来，詹妮弗是 MLB 管理层职位最高的女性。棒球是她的一部分血统。詹妮弗的祖父是费城运动家队（Philadelphia Athletics）全明星接球手，为纽约洋基队（New York Yankees）效力过，但这并不是她不到三十岁就成为体育劳动法顶尖女性之一的动力。詹妮弗梦想成为整形外科医生，但学医比学法更费钱，而这个钱要她自己挣。詹妮弗从十一岁开始就一直在打工，给邻居熨衣服、看孩子。她人生第一次缴纳所得税，是十四岁在麦当劳打工期间。

大学期间为了挣学费和生活费，詹妮弗做过鸡尾酒女服务员、医院急诊室文书、代客停车服务员。从匹兹堡大学（University of Pittsburgh）法学院毕业后，詹妮弗在知名律师事务所普士高（Proskauer Rose）纽约分所体育法业务部找到了工作。没过多久，她在美国篮球协会（National Basketball Association）抗辩案中显露头角。之后，MLB 从普士高挖走了詹妮弗。MLB 提供的工作，詹妮弗非常喜欢，做得很好。但是，那份工作需要每天通勤两个半小时，还要经常出差。随着家庭成员越来越多，她越来越吃不消。与此同时，詹妮弗的丈夫大卫（David）创办了房地产开发公司，每天忙得不着家。于是，他们一致决定，詹妮弗暂时离开职场。没想到这一离开就是八年。

当最小的孩子布莱克（Blake）开始上幼儿园的时候，詹妮弗又开始心痒难耐，决定重返职场，却震惊地发现自己不知道该怎么回去。毕竟，对詹妮弗来说，找工作从来不是难事。三十岁的时候，她入选《克瑞恩纽约商业》（*Crain's New York Business*）杂志“40 位 40 岁以下新秀（40 Under 40 Rising Star）”榜单。但是，现在，四十五岁的时候，她迷茫了。“我不知道从哪里开始，而且我意识到许多女人与我处境相同。”

2016 年，詹妮弗与尼科尔·克罗尔（Niccole Kroll）一起创办数字招聘平台 Après，在暂时停止工作养育孩子的女性（大多数是“X 世代”）与物色人才和追求多元化的企业之间牵线搭桥。Après 不仅发布工作机会，而且帮助女性抓住工作机会。登录这个平台，你可以找到职业生涯教练（帮你规划职业生涯）以及简历制作专家（帮你改写简历和自传）。你还可以学到一些面试技巧，包括怎么展示你的品牌，怎么解释简历上的空白期，怎么说明在做志愿者期间学到的东西可以运用于正在应聘的职位。其中有些项目是免费的，有些是收费的。

曾给体育界管理层做过法律顾问的詹妮弗，现在是“X 世代”女性重返职场运动的发起人和倡导人。她到企业游说 HR 经理乃至高层领导，向她们说明这个群体的优势。她认为，与“千禧世代”不同的是，这些女性不仅不会选择退出（因为她们的孩子现在大了），而且经验丰富、积极性高、对待工作严肃认真，是很好的团队成员，可以发展成很好的领导者。聘用她们，风险低、回报高。

“在我看来，企业拒绝我们这样的女人，是一种莫大的损失。”詹妮弗说，“我们告诉企业，我们这样的女人可以为企业创造很多价值。我们阅历丰富、会为人处世，工作积极性高、可以带动其他员工，不会再次选择退出、对企业更加忠诚。”詹妮弗认为，在企业文化决定企业成败的时代，这些重返职场的女性，还会以其他方式给企业创造价值。“聘用我们，就是向你的年轻员工传达一个讯息，就是向你的顾客和客户传达一个讯息，即你相信多元文化对业务发展的好处，你尊重女性、重视家庭——而这正是‘千禧世代’对当今企业的要求。”詹妮弗说。

寻找空白期的价值

Après 经常教导会员，“直面空白期”。詹妮弗说，空白期在女性简历中十分常见，而且会继续如此。暂时离开职场的，不仅有“X 世代”女性，而且有“千禧世代”——他们并不认为，一开始工作就应该一直工作到退休。一个人的职业生涯可以持续四五十年，为什么暂离职场三五年甚至十年就不能回归职场呢？空白期没有什么可耻的，关键是要从中发现价值。詹妮弗建议，女性要坦诚地说：“离开职场期间，我做了以下事情……”不要简单地说你烤了饼干拿去学校卖等，企业不想听这些；要说，你在做那些事情期间学到的组织协调能力、人际交往能力等可以怎样迁移到你正在应聘的工作，那才是企业爱听的。“女性必须弄清自己做过的志愿服务对正在应聘的工作而言具有什么价值，并向企业条理分明地阐述这些价值。”詹妮弗说。

詹妮弗还在努力帮助企业打消一个顾虑，即担心这些女人做不长。她在与企业接触的过程中发现，很多人认为，这些女人再次出来找工作，不过是想打发无聊的日子。詹妮弗说，这是一个严重的误解，她们重返职场大多是出于必要，比方说离婚了、家境变了等。“这些女性回归职场，要么是经济原因，要么是个人原因，这两个原因对雇主来说都是好事。”詹妮弗说，“另外，她们想要证明两点：一是证明自己的能力，二是证明你没看走眼。这一切都有力地表明，她们会是很好的员工。”

从全职妈妈到企业高管

约杰西卡·斯皮拉吃顿饭，可真难啊。她四十五岁，在一家数字出版公司做高管，负责业务拓展，工作日程表排得满满的，要参加很多现场会议和电话会议。我第一次见到杰西卡，是在去往纽约市上西区的路上。我们都要去那里参加“新妈咪午餐会”——为新手妈咪举办的活动，让她们聚在一起，一边忍受乳房的胀痛做凯格尔运动，一边分享初为人母的喜怒哀乐，以此联络感情。杰西卡是我的第一个“妈咪朋友”。那时，我们的儿子都才几周大，她的儿子扎卡里（Zachary）睡得很熟，我那闹腾的儿子在婴儿车里尖叫。

杰西卡也是我为写《如何做到事业家庭两不误》而采访的首批人士之一。我为那本书采访杰西卡时，我们的儿子才十八个月大。我采访知名女性、有着正式工作的女性，也采访像杰西卡那样辞职在家专门带娃的全职妈妈。杰西卡在家待了六年半，直到女儿伊丽莎白（Elizabeth）开始上幼儿园。“最初几年，我很享受这种生活。又过了几年，我很想回去上班。于是，我开始为重返职场做准备。”杰西卡说，

杰西卡说，孩子稍微大点的时候，她就开始认真筹划重返职场之路。她知道，以志愿者身份运用自身技能的经历也可以写到简历上。于是，她花了近三年时间，参与曼哈顿上西区游乐场河马公园（Hippo Park）筹资事宜。她曾担任该公园年度交易会组委会委员，为其寻找战略合作伙伴和赞助商。公园收入增长了，规模扩大了。“关键不在你能为它捐多少钱，而是在于你能否把它盘活。”杰西卡说，“有很多背景迥异的女人在那儿做志愿者，与她们一起工作，我很开心。”

在河马公园做志愿者期间，杰西卡了解到了资金筹集的重要性，于是报了纽约大学的课程班，专门学习这方面的技能。杰西卡说，她担心自己很难在企业找到工作，因为经济环境太差，年轻人都难找工作，何况是她们这种在家里待了好几年的中年女人。“我认为，上帝没有为我打开任何一扇门。”杰西卡说，“在家待了几年，好像与社会脱节了。媒体上有很多关于我们这种女人的报道，看了让人沮丧。我以为自己只能进非营

利组织，于是安慰自己说这也不错，至少比较自由。但是，我后来了解到，在非营利组织工作并没那么自由，工作时间更长，工作报酬更少。于是，我不再考虑非营利组织。”

在思考怎样重返职场期间，杰西卡也在关注经济发展状况。“2007 年夏天，经济数据显示情况不妙。家里全靠丈夫挣钱，可是他在金融行业，如果真的出现金融危机，那么我们家就要遭受灭顶之灾。所以，我必须未雨绸缪，找份工作，帮丈夫分担压力。”杰西卡说，“我以前在工作期间结交了很多朋友，一直与她们保持联系。我决定请她们帮忙。”

杰西卡把她的简历发给她特别信任的人，让她们看看有没有漏洞。她还请她们假装面试官，向她们解释她职业生涯中很长的空白期，向她们介绍她做过的志愿服务。做了这些准备之后，她上 LinkedIn 联系到以前的同事，请她们帮忙介绍工作。没过几周，她就开始接到面试通知。“每当面试官问我做过的最自豪的工作是什么，我会说河马公园志愿服务。”杰西卡说，“那也是业务拓展，只是方式不同于我之前做过的。我向她们说明我为河马公园具体做了哪些事情，运用了哪些技能，这些技能可以怎样迁移到所应聘的工作中。”首次面试过了不到六个星期，杰西卡就找到了一份全职工作。她说，女人们需要认识到，你离开职场期间，地球还是照样在转。再次工作，你的新上司可能比你年轻，你的职位可能与从前一样，甚至更低。“你得放下脸面，咽下苦果。”杰西卡说，“我重返职场时的职位跟我离开职场时的职位一样高，这算是不错了。你可能要向比你年轻的人汇报工作，你必须接受这一点。你的工资和职位可能降低很多，你必须适应这一点。”

回归后，更强了

杰西卡很高兴能在经济开始崩溃时找到一份全职工作。她暗下决心，一定要努力工作。她的公司有夏日周五假，但她很少休。她知道，有些时候，她需要提前离开，去看孩子的足球比赛、带孩子看医生等。所以，大多数时候，她会有意识地尽可能晚下班。“我要让他们看到，我在全力以赴。”杰西卡说，“我不想让人在背后指着我说，‘是的，她是妈妈，难怪会……’或者说，‘哦，她总是迟到早退’。”

现在，杰西卡重返职场已经六年了。其间，她换过两次工作，升职好几次。她认为，如果没有暂时离开职场一段时间，那么她永远做不到现在这个职位。她不为在家带娃道歉，也不为生儿育女后悔。那是她遵从内心做出的选择。就像职场中的许多妈妈一样，她看到了当妈给她的事业带来的好处。

“平心而论，我现在比以前强多了，因为当妈让我掌握了很多管人的技巧。”杰西卡说，“与许多比我年轻的同事相比，我处事老道，不会因一点小事就自乱阵脚。丰富的阅历，让我勇敢、自信了许多。”

这正是詹妮弗·盖夫斯基希望公司听到的东西，也正是 Après 正在宣扬的东西。全职妈妈重返职场后，会成为更好的员工和管理者。“X 世代”会以加倍的努力体现她们的价值和忠诚。另外，她们更成熟、更稳重，正好与较年轻、较浮躁的“千禧世代”相平衡。

而且，正如前文所说，现在回归，时机正好。

“过去，一听我说在家待了六年，企业就不再对我感兴趣。现在，企业更能接受这么长的空白期。”杰西卡说，“尽管如此，我仍然建议，人脉是最重要的财富。无论你从什么职位离职，都要与大家好聚好散。跟上司、老板友好说再见，之后不时联络一下感情，因为你不知道什么时候会用到她们。同时，坚持学习、与时俱进，不要丢了你的谋生技艺。这非常重要。”

最怕听到的问题

“那么，你是做什么的？我讨厌那个问题。”四十七岁的丽莎·斯基特·泰特姆告诉我，当时我们坐在新泽西州普林斯顿市郊某商场的 Corner Bakery 咖啡厅隔间里。她不是一个人。我也讨厌那个问题。有些时候，容易回答。我是电视制作人，我是国会山新闻秘书，我是作家，我是网站总编辑，万岁！有些时候，有些为难。当我从事公关工作但不想说自己只是公关人时（好吧，我对那个职业一直态度复杂），我想说："我从事公关工作但同时还是作家和制作人。"但这个答案听起来很糟糕，就像我在为从事公关工作道歉、为我现在的工作找借口一样，让人觉得我是一个生活在过去的失败者。但是，当我没有正式工作，仅仅是个自由职业者时，那个问题就显得可怕了。因为那时的状态就是向人暗示，"我找不到工作，没人雇用我"。

自由职业者，并不让人觉得自由，而是让人觉得难为情。

对于很多没有工作、未充分就业、未从事理想职业的女性来说，"你是做什么的？"会击中她们内心最脆弱的地方。那个问题通常是无害的（尽管有时显得唐突），但会提醒她们想起某些未实现的职业抱负，释放她们平时隐藏起来的无能感、不安全感、存在焦虑等消极情绪。

"它会激发内心冲突。"尼基·凯斯勒说。她，四十四岁，洛杉矶一位经验丰富的娱乐节目制作人，与詹妮弗·戈尔

(Jennifer Gore) 合办了一个提供全方位服务的独立制作公司 99 Arms Productions。尼基之所以自主创业是因为遭遇了行业寒冬——数字革命席卷好莱坞，娱乐界老一辈从业者纷纷另谋出路。"我退出不是出于自己的选择，而是因为找不到工作。"尼基说，"我的孩子那时还很小，我只好安慰自己说，正好可以当全职妈妈专心带孩子。我试着不再去想我的工作，可是很难做到，因为我的工作构建了我的大部分自我。"

99 Arms Productions 过了三年没有任何项目的日子，最近终于开张了：根据现有剧本为华纳兄弟（Warner Bros）的数字部门和勒布朗·詹姆斯（LeBron James）的娱乐公司 SpringHill Entertainment 制作一个喜剧系列。这个项目尽管预算很少、报酬很低、时间特紧，但对她们而言是一个不容错过的机会。"尽管无利可图，但是我们还是接了，因为我们想往数字娱乐进军。"尼基说，"赶紧先跳上船再说，数字娱乐是大势所趋，要么我们接纳它，要么它淘汰我们。"

猎头公司 Koller Search Partners 的执行合伙人凯伦·施内克·利普曼认为，尼基凭本能抓住机会（尽管这个机会并不理想，因为起初并不赚钱）的做法值得提倡。随着传媒、营销、娱乐等行业迅速变化，希望重返职场的你可能需要从长计议。"你一旦试出深浅，说你可以过河，就能大获成功。"施内克·利普曼说，“但是，你需要首先放下思想包袱，忘掉过去，着眼未来。顺应行业发展趋势，全力以赴学习新的技能，抓住机会东山再起。”

走出迷茫

数字平台 Landit（2016 年推出，志在做成针对女性的 LinkedIn）首席执行官兼联合创始人丽莎·斯基特·泰特姆说，超过四千万职业女性会在职业生涯某个阶段到达一个十字路口。由于工作和生活上的各种问题，她们会在人生某个阶段觉得需要做出重大改变（用丽莎的话说就是，碰到“拐点”）。Landit 号称可以为那些陷入迷茫、希望弄清下步行动方向，或仅仅想要取得更多成就的女性提供全新的解决方案。该网站说，每个女人面临的问题是：“我该从哪里开始呢？”

像詹妮弗·盖夫斯基创办 Après 一样，丽莎·斯基特·泰特姆创办 Landit 也是为了解决自己的问题——她觉得茫然，不知往哪个方向走。她有那种感受真的非常不可思议，毕竟她凭借自身努力，克服重重困难，沿着一条不同寻常的路走进了哈佛大学。她出生在新泽西州纽瓦克（Newark），从小和单身母亲相依为命。她五岁的时候，纽瓦克爆发种族骚乱，她的妈妈带着她离开了纽瓦克。她的妈妈是随军护士，经常带着她辗转于欧美多个地区。她的大学是在普林斯顿读的，学的是化学工程——作为工科非裔女生，她在普林斯顿是少数人中的少数人。毕业后，她进入宝洁工作，之后加入一家创业公司——因为这段经历，她被哈佛商学院录取。

在新泽西州普林斯顿一家三人合伙事务所做了十一年早期保健风险投资工作后，丽莎陷入了迷茫。尽管有着令人羡慕的教育背景、在知名公司做过董事，但是有了两个儿子的她不确定自己该干什么。尽管有人脉、有经验，但是她不知道该如何加以利用，因为她不清楚自己想要什么。简而言之，她不知道自己下一步该怎么走。“越发展，越难转型；你可能明白了你不适合做什么，但还不知道你适合做什么。”丽莎说，“年轻的时候，什么都敢闯；但是，有了一定阅历后，顾虑就多了。”

丽莎的话引起了我的共鸣。这正是我曾经有过的体验，也是我写这本书的灵感源头。即使有着强大的人脉和丰富的经验，你也可能不知道要走什么路，或者（在知道要走什么路的情况下）不知道谁能带你走到那儿。

2012 年，丽莎被阿斯奔研究所（Aspen Institute）选中，成为亨利·科朗研修班（Henry Crown Fellowship Program）学员。每年，该研修班都要招收 20—22 个领导者作为学员，让他们进行一场发人深省的自我探索之旅——超越自我，改善世界。学员毕业时，需要选定一个有着宏伟目标的大项目去做。“在自我探索的过程中，我意识到我的项目就是我自己。”丽莎说，“我意识到，有几百万女性与我处境相同，而且无从诉说，因为你不想让人知道，你没想清楚或者你不知道你下一步该怎么走，你感觉自己很脆弱。”

丽莎并不害怕把那种脆弱展现出来——事实上，她认为，正是那种脆弱让 Landit 如此强大。女性进行职业转型、重返职场、完全重启职业生涯，涉及很多复杂问题，往往伴随着不安感、恐惧感、焦虑感。所有这一切都可能导致抑郁或惰性，或两者兼而有之。Landit 想要帮助女性走出这种迷茫状态。

“不知道有多少次，我做焦点小组访谈，挨个问在座的女人‘您现在过得怎么样’，得到的答案都是‘一切都很好’。但是，当有人带头诉说自己的问题，其他人都会接着坦陈自己确实也遇到了问题。”丽莎说。

上 Landit，输入自己具备什么经验、技能，希望找到什么工作、在哪个时间段工作等信息，Landit 就会根据你的情况向你推荐工作，附赠求职“宝典”，提供简历撰写、面试培训、品牌建设等服务。除了帮助会员树立信心之外，Landit 还像 Après 一样，认为帮学校组织足球比赛、帮非营利组织筹款等志愿服务经历也值得写到简历上，编写了很多像杰西卡·斯皮拉讲好河马公园工作经历从而找到正式工作那样的案例，以此教导会员向面试官说明志愿服务期间展现的各种能力是可以运用到日后工作中的。

您愿意做我的导师吗？

导师制已在职场流行多年。导师有两种：mentor 和 sponsor。mentor 在你面临选择的时候给你建议，和你分享自己的经验和想法。sponsor 在职场里提携你，把你推上更高的平台，磨炼你的技能，给你发光发亮的机会，让你成长。说得再直接些，mentor 并不一定要在你的公司甚至行业里，不需要和你有直接的利益关系，任何让你尊敬的人都可以成为你的 mentor；而 sponsor 则更像是一个好领导和好上司，他们可以在关键时刻在公司内部提携你，很多时候，他们帮你也是在帮自己。想要在职场长久地发展，mentor 和 sponsor 你都需要。丽莎认为，导师是个好东西，但是导师制需要做点改变。“我从未见过非常有效的导师制，因为‘导师’含义太重了。你问一句‘您愿意做我的导师吗’，没人敢轻易回答。你不能强迫别人做你的导师，而是要与人打好关系，关系好到一定地步之后说‘我想向您请教一个问题’或‘我想求您帮个忙’。”

丽莎说。根据丽莎的设想，Landit 的任务之一就是帮会员经营这种关系，而且是打造一个关系网，让里面的人在某些时候可以就某些问题担任一下“导师”。

女人不仅不会找导师，而且不知道怎样向导师求教、求助。求人，挺尴尬的。因此，根据丽莎的设想，Landit 的另一任务就是向会员传授“求人”套路，让她们在与导师见面时学以致用。刚开始工作没多久，丽莎接到老板通知，说要安排一个资历较老的人跟她谈一谈，让她珍惜这次谈话机会。丽莎当时没能理解老板的用意，不知道要跟那个前辈谈什么。多年之后，丽莎终于明白了。前辈一般愿意指导后辈，可是工作很忙，不可能在这件事上花费很多心思。所以，向前辈求教、求助，所提问题、要求一定要具体。“最好建立私交，这样求教、求助起来就不显得唐突。另外，每次见面之前做好充分准备，理清你的问题、需求，因为你不可能占用别人太多时间。”丽莎说。

推销自己

正如我们在第 9 章讨论过的那样，今天人人需要打造自己的个人品牌，那些职业发展道路不同寻常或职业生涯曾经中断的人尤其需要如此。Landit 努力帮助会员润色自己的故事：一群人做丽莎所说的“故事接龙”游戏，即每个人轮流讲述自己的故事，一起想办法从中提炼出个人品牌宣言。“我们女人容易‘贱卖’自己，因为我们讲不好自己的故事。可是，如果你讲不好自己的故事，说不出你取得了什么成绩，展现不出你的能力，解释不了你的空白期，那么用人单位就会觉得你价值低风险大，进而不会录用你。所以，你必须学会讲好自己的故事。”丽莎说，“我还认为，当你从自己的故事提炼出自己的个人品牌宣言后，你就会弄清自己的优势长处、发现自己原来也有用武之地、知道自己该往什么方向努力。”

选择或被迫退出职场后，很多女性都想重返职场。丽莎认为，对于这些女性来说，重要的是不要因空白期而觉得羞耻。任何一段人生都有它的价值。“我觉得，我前半辈子做的每件事，都是为我创办 Landit 做准备的。”丽莎说，“如果我没有经历过那些，那么我就不可能知道，当你孤身一人的时候，当你不知向谁诉说的时候，当你认为自己没得选的时候，当你觉得自己什么也不会的时候（即使曾经做了那么多了不起的事情），你会多么难受。我有那么深刻的体验，所以我创办了 Landit，以便帮助其他女人走出那种状态。我自己走出来了，我相信你也能。我对这项事业充满热情。如果不是我，那么还有谁更适合做这项事业？”

重返职场的另一模式

到2020年，预计超过40%的劳动力将是自由职业者、承包商、临时工。2012年，乔迪·格林斯通·米勒（Jodi Greenstone Miller）和亚当·米勒（Adam Miller）在《哈佛商业评论》发表文章《超级临时工的兴起》（*The Rise of the Supertemp*），讨论了“自由无约”职业人现象。他们写道，最优秀最有前途的人正在放弃全职工作，导致社会经济发生翻天覆地的变化。他们崇尚自主和灵活，受够了没完没了的会议和长时间的通勤，于是选择走另一条路——基于项目的工作。他们没有工作单位，自己接项目，按自己的时间和方式工作，而且依然有着很高的收入。听起来高大上、遥不可及？或许。但是，这种就业模式正在成为一种愈演愈烈的趋势。那些想要重返职场又不想受工作单位管束的妈妈，可能最欢迎这个趋势了。

我大学时代的室友，四十一岁的凯特·莫特利（Kate Motley）和四十岁的拉克西米·沃德汉姆（Laxmi Wordham），顺应这个趋势创建了Athenity。Athenity是个在线市场，于2015年6月推出，在人才与项目之间牵线搭桥。她们发现，在各个行业，大企业的分部以及中小企业经常把一些工作外包出去，这对妈妈们而言是找零活的很好机会。但是，她们明确表示，Athenity 的服务对象并非仅仅是妈妈们，而是所有想要兼顾工作和生活的女性。

像 Après 和 Landit 一样，或许，像所有由使命牵引的企业一样，Athenity 的创办原因也是创始人想要解决自己的问题。凯特的最后一份工作是在一家玩具公司做营销和产品开发负责人，拉克西米的最后一份工作是在迈克尔 · J. 福克斯基金会（Michael J. Fox Foundation）担任首席数字官。两人都从纽约市搬到了郊区，凯特搬到了康涅狄格州，拉克西米搬到了纽约州威彻斯特（Westchester）。这意味着长途通勤，很少有时间陪伴孩子。最后，她们都辞职了。她们急于为自己，也为那些同样被迫离开职场的女性朋友寻找其他出路，于是创办了 Athenity。

“我们惊讶地发现，那么多想工作、能工作的女性没工作；离开职场的时间越长，就越想但越难重返职场。”拉克西米说，“我们所做的事情就是，找到有外包需求的企业，说服它们把工作交给妈妈们以及其他想要在家接活的女人们。零工经济正在到来，但是很多企业还没做好迎接准备。”

像詹妮弗 · 盖夫斯基和丽莎 · 斯基特 · 泰特姆一样，拉克西米和凯特也在为全职妈妈重返职场而战，也在游说企业重视女性人才并为女性员工（特别是当了妈的女性员工）创造更好的工作条件。“我们有自己的使命，正是那个使命让我们每天很早起来，精神饱满地去奋斗。”凯特说，“我们希望推广这个新的模式，赢得更多企业的支持，为女性就业提供更多选择。这事做好了，对谁都有好处。”

第 12 章

你的故事呢？

有句话说，写你知道的事情。实际上，很多人是写自己需要知道的事情。我写这本书，是两者兼而有之。我换了一个又一个工作，每次换工作都要为怎样根据所应聘的职位润色我的故事、展示我的技能而苦恼。在这一过程中，我逐渐有了一个想法：写一本关于女性职业生涯发展的书。经过多年的酝酿，我终于动手了。我历时十八个月，一边阅读相关文章、报道、图书，研究硅谷文化，一边采访有着这样或那样转型经历的女性，把她们的故事记录下来，然后两相结合写成了这本书。本书谈及的那些主题，比如笑对失败，我自己早就深有体会。

我在 NBC 日界线工作期间，曾和大学室友芭芭拉·梅辛尝试自编自导自演一部背包旅行系列 MTV，还大言不惭地把题目定为《背包游天下》(*The Gringo Trail*)。我们利用假期时间，从银行申请到贷款，聘请了摄影师和主持人，飞到厄瓜多尔（Ecuador），录制了一个星期。不幸的是，这部 MTV 永远不会问世了。30 Rock① 发生火灾，我们所拍视频的录像带烧掉了。当时，一场离奇的电气火灾焚毁了我在 NBC 的办公室——只有我的办公室。

过了几年，我花了将近一年时间筹划并拍摄一部关于野外露营的纪录片，最后耗尽了资金，也耗尽了兴致。住在新泽西州某个小镇期间，我竞选过当地教育委员会委员，惨败而归。我曾经倾注心血写了一本女生励志童话书，但我联系到的所有出版商都拒绝出版，说我需要把里面的十岁女主人公换成农场动物。可以说，我非常清楚失败的滋味。但是，每次失败之后，我都会有所成长。事实上，要不是曾经失败了那么多次，我也许不会写《无畏而自由》。

在为写这本书搜集素材的过程中，我更加意识到机会要靠自己创造，于是开始积极筹划自己的奇遇。我加入了 TheLi.st 等多个女性社交网络，积极参加它们组织的活动，尽可能广交好友。我这人不喜欢社交，原本就很少参加社交活动，有了孩子之后就更少参加了。可是，每采访一个人，社交的重要性就多显现一分。没办法，我只得强迫自己参加各种活动，每次活

① NBC 总部洛克菲勒中心的简称。

动都尽可能露露脸、结识一两个重要人物，希望这样的社交能带给我一些机会。

行业活动可能很无聊、很孤独、很费钱——如果是付费的，那么你会更加犹豫要不要参加，因为去的话，怕钱花得不值，见不到想见的人，不去的话，又怕错过大机会。有一次，我去奥斯汀参加 SXSW，在四万人的人海里游荡了四天，大部分时间都是一个人。所以，当我遇见雪莱·扎里斯和她的“女子休息室”，就像是在沙漠中遇到了甘泉。

在本书预定交稿日期前一天，我前往华盛顿特区参加首届白宫全美妇女峰会。那时，本书还没写完，有许多脚注待添加，有很多地方待编辑，而且，这个最后一章还一字没动。我没订酒店，想订也订不到——都预订光了。而且，我没找到伴，只能独自去参加那个为期一天的大会。我只是大概知道参加那个大会可能会有什么收获。是的，第一夫人米歇尔·奥巴马和奥普拉会到场——对于大多数女性来说，这是参加那个大会的充分理由。然而，我还是非常纠结。我要不要上 Amtrak[①] 买火车票？在本书预定交稿日期前一天出差，我是不是疯了？真的值得吗？我确实知道，TheLi.st 的创始人和许多会员会到

① 美国国家铁路客运公司（National Railroad Passenger Corporation of the USA），常用商标为 Amtrak，简称美国国铁或美铁。

场，而“女子休息室”和 Landit 的创始人也会到场。最终，我买了火车票。我真的很想听奥普拉采访第一夫人，但更重要的是，我需要社交，我需要到场。

我迟到了几个小时，但是还有座位——大会主办方给 TheLi.st 会员预留了很多座位。我登录 WhatsApp，从群聊当中获取最新消息。显然，并不是只有我一个人来了。知道我来了，以宣扬企业社会责任著称的传播学大师苏珊·麦克弗森（Susan McPherson）（我以前只见过她通过列表服务器发给其他女人的勉励之语）几乎立即提出为我举办一个签名售书会，其他人也纷纷热情提供帮助。那一刻，我充分体会到了社交网络的力量，明白了它提供的事业帮助和心理支持是多么重要。

我排队领取免费鹰嘴豆泥小吃时，一个男人（只有很少男人参加那个大会）问了我那个可怕的问题：“那么，你是做什么的？”“我只是作家。”我回答。“我也是作家。”他亲切地说，“你需要去掉‘只是’。”我才意识到，我用了“只是”一词。不过，他说得对，我不该用这个词。我还意识到，这一刻够讽刺的：在白宫全美妇女峰会上，在本书预定交稿日期前几个小时，我自称“只是作家”，用一个词就削弱了我的力量，而一个男作家提醒我去掉这个词。

然后，我自然想起了塔米·雷斯和她的“只是不抱歉”

Gmail 插件。本书的每一主题，在她的人生故事里几乎都有体现。

一条线贯穿始终

在加利福尼亚大学洛杉矶分校（University of California, Los Angeles，以下简称 UCLA）读大一的一个冬夜，塔米·雷斯陪因流感而脱水头痛的朋友玛丽（Mary）去医院。塔米就玛丽的病情向医生和护士问了很多问题，每个都问到点子上，搞得大家都问她是不是医学院预科生。她不是。她学土木工程的。玛丽出院后没几天，塔米换了专业。不是转到医学院，她觉得自己不适合学医——MCAT① 的准备过程太煎熬了，申请上了至少得苦读八年。她换成了生理学，有关人体各部位以及这些部位各自如何运行、彼此如何协调的科学。人体是大自然精心设计的人类操作系统。

在 UCLA 读书期间，塔米找到一份实习工作，在一所因培养出多个奥运冠军而闻名的大学做运动伤害防护员，写下了五百多个小时的理疗观察日志。她喜欢理疗——它是一门科学，更是一门艺术，能让人充分发挥创造性，还经常用到实际动手

① 申请攻读北美临床医学院的学生所必备的一项机考。

操作能力。另外，她喜欢帮助别人，她的助人意愿就像她的棕色卷发一样写入了她的DNA。大四那年，她回北迈阿密海滩（North Miami Beach）与家人过感恩节，听一位朋友说毕业后要去佛罗里达大学（University of Florida）读MBA，于是想到自己是不是也该去读个MBA——毕竟，如果哪天她自己开了理疗店，那么她至少应该有些会计知识。于是，她报名参加了一个为期十个月的研究生课程班。其间，她上了一门社会企业家课。这门课让她意识到，她不太想开理疗店了，而是更愿到非营利组织工作。她就是想要从事助人事业，无论采取何种形式。

毕业后，塔米收拾行李，搬回洛杉矶，通过Craigslist[①] 在肌肉萎缩症协会（Muscular Dystrophy Association）找到一份工作，工作内容是筹集资金、举办活动、组织志愿队。这一步直到现在仍是塔米职业生涯当中最为关键的几步之一。塔米以为，有了这个工作经历，下一步自然是往咨询方向发展，可是没有一家咨询公司（包括非营利性质的）要她，理由是她没有系统的财务知识，也没有过硬的数学背景。她大学高等数学学得很差，正因为如此以及其他一些原因，她才想办法从土木工程转到了生理学。现在，她需要把这些短板补起来。

---

① 一个大型免费分类广告网站。

可是这些短板不是一下子就能补起来的，塔米只得暂时在别的行业找份工作将就一下。她去了农民保险集团（Farmers Insurance Group），加入了它的产品营销团队。那是一家老式企业，尽管也能学到一些东西，但是进步太慢了。在那儿工作一年半后，她就瞅准机会转到了发展迅猛的数字营销行业。

塔米在 Tsavo Media 找到一份实习工作。Tsavo Media 的创始人是 Mike Jones[①]，他执掌过很多著名公司，后来成了 Myspace 的首席执行官。从事这份工作，塔米在圣莫尼卡市市中心一栋可以俯瞰大海、很有艺术气息的大楼办公，周围是一群敢想肯干的年轻人。受益于这种氛围，塔米还在实习期间，就用自己的 1 万美元加上从父母那里借来的 1 万美元，推出了一款 iPhone 应用。这款应用名叫 Star Trax，专门汇总名人新闻。“有了 Star Trax，我也算得上一个酷酷的科技创业者了。但是，在这之前，我走了很多弯路，能犯的错误都犯过了。”塔米说。她爽快、热情，是个天生的交际家。在打造 Star Trax 的过程中，她在洛杉矶科技界积累了一些人气，为她的下一步转型奠定了基础。

① 其介绍，请见 https://techcrunch.com/2011/11/16/mike-jones-launches-betaworks-like-technology-studio-science-in-la-with-10m-from-eric-schmidt-and-others/

这一步转型源自一次奇遇。塔米在一个犹太会堂做志愿者，最近帮它成功举办了一次筹款晚宴。晚宴过后，塔米接到朋友蕾切尔的电话（蕾切尔也在这个犹太会堂做志愿者，晚宴就是在她姐姐的房子举办的）。蕾切尔说，科技公司 Cornerstone OnDemand 要找一个项目经理，可是面试了几十个有着过硬技术背景的工程师都不满意。蕾切尔在姐姐家参加晚宴过后，觉得塔米是个不错的人选，于是把塔米推荐给了 Cornerstone 首席执行官亚当·米勒。亚当几年前担任犹太会堂主席时就对塔米留下了深刻印象，因为那时塔米弄来一个在线工具接待会堂成员，大大提高了工作效率。蕾切尔和亚当并不了解塔米的专业背景，但是认为塔米如果能够驾轻就熟地组织这些活动就一定能够做好项目经理。

塔米起初觉得不可思议，跨度太大了。她曾为肌肉萎缩症协会筹集资金、策划派对，曾在农民保险集团产品营销团队工作但没有推出任何产品，曾在两家创业公司做了近两年实习生。但是，塔米换个角度去想之后，就觉得这是顺理成章的。在肌肉萎缩症协会，她不仅组织志愿队，而且激励志愿者——这些就是项目管理。她组织大型活动，就是在一定的时间、预算限制下达到一定的目标。在科技公司做项目管理，实质上也是在一定的时间、预算限制下达到一定的目标。她从未管过工程师也从未管过客户，但是她管过人——工程师和客户不也是人吗？

于是，塔米接受了这份工作。

心里不踏实的首席执行官

时间一晃又是几年，塔米现在住在纽约市。她仍然不会编程。事实上，她说她永远不会去学编程，还说并非人人都该去学编程。但是她喜欢科技创业界的创新氛围。她喜欢推陈出新、持续改进：让她的产品变得更好，让她自己变得更好。2013 年，投资界一位朋友打电话告诉塔米，他正在为一家 ERP 公司物色首席执行官。塔米给他推荐了几个人，但是他说为什么塔米不毛遂自荐呢？她觉得他是异想天开。她三十二岁，从未管理过一个大团队，更别说管理一家公司。而且，最大的问题是，那家公司的业务实质上是为其他公司开发、部署提高工作效率的管理软件，而她不会编程。

但是，在那位朋友说明那个职位需要一个什么样的人后，塔米看到了她与职位的匹配之处。那份工作，至少有一部分（市场营销和项目管理）是她能够驾驭的，其他部分也许她可以挑战一下。塔米接受了那份工作，但是暂不接受首席执行官头衔。“那个头衔太高，我受不起。”塔米说，“如果你想说我有骗子综合征，那么随你说。你自己试试一下子跳七级，从业务员跳到首席执行官，从只用管好自己到管理一家公司。”

受骗子综合征困扰的名人有很多。蒂娜·菲（Tina Fey）、玛雅·安吉罗（Maya Angelou）、谢里尔·桑德伯格和莉娜·邓纳姆都公开承认有过那种体验：你觉得不配坐上某个职位，即使别人认为你胜任。你觉得自己是骗子，害怕被人揭穿。

并不是首席执行官头衔对塔米没有吸引力，任何人都不会拒绝这个头衔。但是，塔米需要证明自己，不是向信任她的朋友证明，而是向她自己证明。几个月后，塔米使出浑身解数，针对纽约市科技界女性推出“女性创始人（Female Founders）”活动，大获成功。之后，塔米才敢自称 Cyrus Innovation 首席执行官。

一年后的 2015 年，塔米推出“只是不抱歉” Gmail 插件。是的，这就是第 1 章介绍过的那个与女性朋友一起吃早午餐期间想到要就女性爱说抱歉的习惯做点什么的塔米。现在，塔米是有名的电子邮件礼仪大师，受到谷歌、花旗（Citi）、高盛和全国各地妇女大会的邀请就女性电子邮件沟通方式开讲座。这让她不同寻常的职业发展道路又多了一个发展方向，而且她觉得这个发展方向非常有意义。“这一切都有一条线贯穿着。”

塔米笑着说。

但是塔米会第一个提醒你，她并非总是这么一帆风顺。人生当中有四年时间，她从事着自己没有丝毫发展空间的工作，看着自己招进来的人升职成为自己的上司。塔米也曾应聘一些职位遭到拒绝，因为她没有招聘经理想要的经验，无论她怎么润色自己的简历。她推出的项目，并非都是成功的，有些非常失败。

连点成线[①]

尽管如此，塔米的故事反映了硅谷成功人士身上常见的那些精神气质。她敢于冒险，这增强了她的信心。她有成长心态，会从失败中成长。她不断尝试、反复调整。她筹划奇遇、积极社交。她懂得怎样利用过去的工作经历（包括志愿服务）为自己赢得新的机会，即为自己制造“相邻可能”。最后，她懂自我营销，为自己打造出了个人品牌。也许，因为她的职业发展道路是如此与众不同，所以她必须“连点成线”。“人们看了我的简历，一般会困惑，因为我做的事情好像是离散的。这时，我就必须‘连点成线’，向他们解释这些事情之间的联系。”塔米说，“我敢肯定，聘用我的投资人这么多年来一定怀

① 连点成线（connect the dots），出自乔布斯。

疑过自己是不是看走了眼。我做出的东西，有成功的，也有失败的，我反复调整。产品经理的职责就是如此：推出一样东西，看看效果，如果不好，就转型，如果好，就继续。”

这给我们所有女人都上了很好的一课。

致谢

从某种意义上说，写书就是发疯。过程异常孤独，你可能要耗费数月甚至数年，在自己脑中希望你最终写出的东西要么有一种坏坏的聪明，要么能逗人开怀大笑，要么能以某种方式煽情，值得上NPR或《今日秀》(*Today Show*)①。写书就像跑马拉松，需要很多人加油鼓劲才能跑完，这个说法算是老生常谈。但是，我还是要说一说，真的，没有我热情的亲友团，就没有这本书。

我永远感谢本书提到的那些励志女神，感谢她们对我的信任，感谢她们把自己的人生故事和心得感悟（包括失败以及失败后的心碎、成功以及成功后的狂喜）讲给我听——工作上的和生活上的事情都有，因为我认为女性的工作和生活几乎总是交织在一起的。我非常用心地讲述这些女性充满正能量的

① 美国一档晨间新闻和脱口秀节目。

故事，希望不要辜负她们的信任。

衷心感谢TheLi. st的蕾切尔·斯科拉尔（Rachel Sklar）、格莱尼斯·麦克尼可（Glynnis MacNicol）等优秀女士们。本书写到的许多故事，由这些颇有才华且格外慷慨的女性讲述。你们所有人的热情、意见、建议，让我坚持写完了本书。本书从标题拟定、封面设计，到推广方案，都离不开你们的大量支持。

感谢我的朋友乔斯琳·凡恩（Jocelyn Fine）。我告诉乔斯琳，是她让我有了动力为本书写出版计划书，她还不太相信。但是，我说的是事实。本书在我脑中酝酿三年，但一直没有付诸实践。她在与乳腺癌做斗争过程中的顽强不屈和积极乐观感染了我，而她随口说的一句话让我回去以后立即动笔了。她的那句话是：如果有人先我一步以同一主题出书了，那么我会痛苦的。她是对的。谢谢你乔斯琳，让我行动起来。

人生何其有幸，才能让工作中的朋友变成真正的朋友。我可爱又能干的前同事乔·弗莱特里（Jo Flattery），感谢你就凡事说“抱歉”发表意见，感谢你阅读我的几乎每章手稿。你的中肯建议非常宝贵，与你的友谊一样宝贵。真该给你颁发最敬业无偿编辑奖。我直到本书预定交稿日期前两天才费力写完最后一章，一写完就急切向你征求意见；你从急诊室给我发短信说，你的儿子利奥（Leo）打棒球摔断了腿——但不用担心——你会在急诊室等医生期间用 iPhone 读我的最后一章。两个小时后，你给我发来了一些非常好的建议。你太够朋友了，真的非常感谢你。我要以你的名字给我的第一个孩子命名，如果不是太晚的话。

感谢我的爸爸，多产的小说家保罗·莱文（Paul Levine），感谢你编辑本书的每一个字。本书主题与你的兴趣和性别相距甚远，但你仍然能在每一章发现精彩之处。非常感激你把作家出版社（Writers House）老成干练的文学经纪人阿尔·祖克曼（Al Zuckerman）介绍给我。谢谢你，阿尔，谢谢你相信本书、相信我，还经常夸我魅力四射。没有什么比听人说自己仍然魅力四射更能让一个四十四岁的女人心花怒放的。

要不是我的忠实读者尼基·凯斯勒（Nikki Kessler）、莎朗·内文斯（Sharon Nevins）、杰西卡·斯皮拉（Jessica Spira）和我的好姐妹黛布拉·费因伯格（Debra Feinberg），我就不知道自己写得怎么样。感谢你们阅读本书草稿，提出改进意见，给予坚定支持。特别感谢我的闺蜜、我的死党、自七年级起就是我死忠“捧场王”的尼基·凯斯勒，我写什么你都喜欢，我做什么你都鼓励。感谢你帮我辨析论题，确保我言之有理。感谢盖尔·格林伯格（Gayle Greenberger），尽管本书没有讲述你的故事，但是你在本书中有很强的存在感，你的坦诚和坚韧反映在本书许多主题中。感谢你二十五年来无条件地支持我，从不评判我。

梅雷迪思·辛克莱（Meredith Sinclair），你提出了本书介绍的一条座右铭“你发光，我有光”，用简洁的话语道出了导师制的真谛。卡伦·沃尔夫（Karen Wolf）、黛比·奥纳（Debbie Otner）、凯蒂·弗莱特伍德（Katie Fleetwood），我真的非常感谢你们在我写这本书的过程中不时地问候我，用美酒美食驱散我的沮丧、庆祝我的进展。利斯·斯特恩（Lyss Stern），谢谢你总在恰当的时间把恰当的人介绍给我。芭芭拉·梅辛（Barbara Messing），我的两次大学室友，我格外聪明、非常忠诚的朋友，感谢你近三十年的所有热心支持、真挚友情。在我那些比较零散但非常美妙的工作中，有一份是拍一部旅行系列 MTV，我之所以拍这部 MTV 就是因为你。

做过这么多份工作，我有幸与这么多人维持着长久的良好关系，我的多次职业转型，得到过你们这样或那样的支持和鼓励。我在 NBC 日界线（Dateline NBC）工作过，那份工作是我做过的最好也是最有压力的工作。现在，我依然不时从 NBC 日界线接些散活。感谢我在 NBC 日界线像家人一样的同事们：尼尔·夏皮罗（Neal Shapiro）、马克·罗森沃瑟（Marc Rosenwasser)、杰米·布莱德（Jamie Bright）、卡罗琳·高德曼（Carolyn Goldman）、布拉德·戴维斯（Brad Davis）、希瑟·文森特（Heather Vincent）、乔斯林·科尔多瓦（Jocelyn Cordova）、特拉维斯·隆勒（Travis Rundlet）、玛丽安·哈格蒂（Marianne Haggerty）、朱莉·科恩（Julie Cohen）、斯泰西·赖斯（Stacey Reiss），等等。尼尔，我们所有人始终崇拜您。感谢 DKC 附近最有创意、最重创新的媒体公关工作室，我是从那里退役的老兵，这一身份让我倍感自豪。谢谢你们，马特·特劳布（Matt Traub）、肖恩·卡西迪（Sean Cassidy）、亚当·希夫（Adam Schiff）、蕾切尔·卡尔（Rachel Carr）、乔伊·德拉斯科（Joe DePlasco），当然还有乔·弗莱特里。感谢弗里达·奥兰治（Frieda Orange）、艾米丽·梅兰德（Emily Mailaender）、亚历山德拉·以斯拉（Alexandra Ezra），我在 Rubenstein 的好搭档。感谢 Care. com 令人仰慕的首席执行官兼创始人，从容镇定、才华横溢的希拉·马塞洛（Sheila Marcelo），你是我们的励志女神。

感谢我的编辑埃伦·卡丁（Ellen Kadin）和巴里·理查森（Barry Richardson）以及 AMACOM 的优秀团队。感谢你们看好这本书，热情地帮我出版这本书。

我在这本书中写到的感悟，很多来自我的当妈经历。我永远感谢我讨人喜欢、精力充沛、天真活泼的女儿莱西（Lexi），她每天都问我写得怎么样啦，在我需要的时候给我加油。在很多意义上，本书为你而写。感谢我有很多鬼点子、精通高科技玩意儿的儿子乔纳（Jonah）。他一直在替我考虑盈利问题，想方设法把我推出的内容商业化。谢谢你，乔纳，谢谢你重新设计我的网站，确保我在社交媒体上发布的内容符合我的形象定位。

如果没有我丈夫迈克尔的爱和鼓励，我根本就不会写这本书。他永远是我的头号粉丝，我走出的每一步他都为我加油喝彩——我在职业生涯上的每次转型、惨败、重启，都得到了他的支持、安慰、鼓励。我的心永远忠于你。

最后，感谢新泽西州（New Jersey）梅普尔伍德（Maplewood）的朱莉·保利（Julie Pauly）和你的面包店 Able Baker。几个月来，我经常趴在 Able Baker 的角桌上，写这本书。感谢 Able Baker 咖啡师麦克斯·斯通（Max Stone）的完美拿铁咖啡，还要感谢 Able Baker 的早茶会，会上每天都有人关心我的书写得怎么样啦。终于写成了！

译后记

在我翻译这本书期间，中国发生了三件很快上了热搜榜的大事：携程亲子园虐童、红黄蓝幼儿园虐童、中兴公司员工欧建新跳楼。前两起虐童事件之后，有人呼吁三岁前别让孩子上幼托，劝女性回归家庭当全职妈妈。欧建新跳楼事件之后，有人指责说他的妻子全职在家带娃，把家庭重担全放在丈夫一个人身上，导致他中年遭遇职场危机就走上了绝路。

在中国，当女人真难！在中国，女人要做到家庭、事业双丰收，尤其难！

这一点，很多女性在开始找工作时就有深刻体会。很多用人单位招聘要求明目张胆地写着“男生优先”乃至“只限男生”。不仅传统上男性占主导地位的工科相关工作如此，而且传统上女性占主导地位的其他学科相关工作也如此。前面那种工作拒绝女生是因为许多人认为，在工科方面男生普遍优于女生。我国学工科的女生少，学工科后找到对口工作的女人更少，找到对口工作还做得出类拔萃的女人更是少。后面那种工作拒绝女生，是因为在职的人，已经有很多是女的，所以用人单位再招人时希望是男的。这个理由一方面也是可以理解的，男女搭配干活不累嘛，另一方面却令人心寒，已经入门的女人把后面想要入门的女人挡在门外，连女人也在为难女人。

不管是哪一种，其实背后的根本原因在于女性要承担生孩子责任和远远更多的养孩子责任。企业以营利为目的，力争以最少的投入得到最多的产出。学历、经验、能力等都相同的员工，一个男性，一个女性，企业会假设女性会在家庭上投入相对较多、在工作上投入相对较少（整个社会都是如此期望的），因此觉得女员工价值较低。在中国开放二胎政策后，所述估值差异加倍了，女性就业难度更大了。女大学生求职时，几乎总会遇到招聘经理问："你打算什么时候要孩子？"很多学生发现，在简历中注明"已婚已育"的女生就业成功率更高。可是找到工作只是第一步。找到工作之后的发展呢？能保证不迟到不早退吗？能说加班就加班吗？能说出差就出差吗？……因为孩子的吃喝拉撒、带孩子看病、给孩子辅导作业等，社会还是期待当妈的多承担一些。

因为女性要为家庭做这么多牺牲，所以女性在组建家庭之前会尽可能给自己争取更多保障（或者说，当妈的会替女儿争取更多保障)。找“高富帅”，找“潜力股”，找“经济适用男”。房子、车子、票子，一样都不能少。为彩礼讨价还价，为房子加不加名吵得不可开交。

当然，也有看透了的女性。她们觉得，婚姻没保障，男人不可靠，投资谁不如投资自己。她们一心扑在工作上，在事业上取得了不小的成就，但是得到了“剩女”“剩斗士”“灭绝师太”等骂名。当然，得到这些骂名的，也不乏想结婚但一直没有碰到合适人选的女人。

在我的认识里，女人在美国的生存环境相对好很多。美国有平权法案，集中在教育与就业问题，对少数种族、土著人、妇女等历史上被排斥的群体给予关照。雇主不会搞歧视（包括性别歧视)，最起码不会明目张胆地这么做，这种案子败诉了会被罚得很惨。雇主还为员工养育孩子提供很多便利，在国家法定节假日、产假、保险之外，还提供日托所、亲子假等(携程亲子园，其实是携程仿照欧美等大企业为员工提供的一种福利，却在实际操作过程中变了味)。美国的婚姻法对女性有很多保护，共同财产离婚时各一半，离婚分产保护女性权益，婚前和婚后个人财产不分割，男人出轨离婚损失大，女方可向男方要求赡养费，导致有了“在美国，离婚的女人像老虎”这种笑谈。美国没有“剩女”，独身是个人选择的生活方式，她们没有集体的焦虑，也不会被人分析来分析去，或者受“同情”、受“奚落”。而且，在美国，不结婚的女人也可以合法养育自己的孩子。

翻译了这本书，我才发现，在美国，女人的生活也没有那么容易。尽管职场没有公然的性别歧视，但是女性晋升机会相对较少，成了领导者之后面临较多苛责，创业获得风投资金的可能性较低。工作—生活平衡问题，对美国女人来说也很严峻。很多女人为了生儿育女，被迫退出职场，之后发现很难再次回去工作。虽然婚姻法给予女人很多保护，可是丈夫失业了（金融危机过后，失业的丈夫越来越多），女人也得出来养家糊口。单身妈妈的生活，也很艰难。另外，对男人和女人而言，医保都是普遍需要操心的问题，失业都是普遍可能陷入的状态。

这本书写了很多美国女人及其职业生涯发展故事。她们都曾经遭遇过挫折、失败，经历过迷茫、痛苦，但是最后都做到了事业家庭双丰收。也许她们的经历对我们每个人的借鉴意义因人而异，可是她们身上那些精神、她们运用的那些策略却是非常值得我们普遍学习的：敢于冒险，笑对失败；坚持学习，与时俱进；积极社交、广结人脉；团结起来、相互扶持……最最重要的是，她们敢于用实际行动积极改变生存环境，为自己，也为其他女人！

参考文献

引言

Katty Kay and Claire Shipman, *The Confidence Code: The Science and Art of Self- Assurance—What Women Should Know* (New York: Harper Collins, 2014).

"After the Backlash Barbie Gets a New Set of Skills," *All Things Considered* (NPR). Podcast audio, Nov. 22, 2014, http://www.npr.org/2014/11/22/365968465/after-backlash-computer-engineer-barbie-gets- new-set-of-skills/.

Glynnis MacNicol, "Flip Flopping is Now Essential to Getting Ahead," *ELLE*, May 20, 2015.

Reid Hoffman and Ben Casnocha, *The Start-up of You: Adapt to the Future, Invest in Yourself, and Transform Your Career*, (New York: Crown Business, 2012).

Heather Long, "The New Normal: 4 Changes by the Time

You're 32," *CNN Money*, April 12, 2016, http://money.cnn.com/2016/04/12/news/economy/ millennials-change-jobs-frequently/.

第1章

Jessica Bennett, "I'm Sorry, But Women Really Need to Stop Apologizing," *Time*, June 18, 2014.

Melissa Dahl, "Sorry I'm Not Sorry, I'm Sorry," *New York*, June 20, 2014.

Emma Gray, "Amy Schumer's 'I'm Sorry' Skewers a Culture that Makes Women Apologize Constantly," *The Huffington Post*, May, 14, 2015, http:// www.huffingtonpost.com/2015/05/14/amy-schumer-im-sorry-not- sorry_ n_ 7276504.html/.

Alexandra Petri, "Famous Quotes the Way a Woman Would Have to Say them During a Meeting," *The Washington Post*, October 13, 2015.

"The Double Bind Dilemma for Women in Leadership: Damned If You Do, Doomed If You Don't," *Catalyst*, July 2007, http://www.catalyst.org/ knowledge/double-bind.

Deborah Tannen, " Our Impossible Expectations of Hillary

Clinton and All Women in Authority," *The Washington Post*, February 19, 2016.

Colby Itkowitz, "Little Marco, 'Lyin' Ted,' 'Crooked Hillary': How Donald Trump Makes Name Calling Stick," *The Washington Post*, April 20, 2016.

April Siese, "Seven Memorable Quotes from Hillary Clinton's 1995 Women's Rights Speech That are Still Meaningful Today," *Bustle*, September 6, 2015.

Chris Cillizza, "Hillary Clinton, 18 Million Cracks and the Power of Making History," *The Washington Post*, June 13, 2013.

"The Photograph that has Everyone Texting Hillary Clinton," *Time*, April 9, 2012, http://time.com/3787649/texting-hillary-clinton/.

Jimmy Kimmel, "Hillary Clinton, Peter Krause, Music from Fifth Harmony," *Jimmy Kimmel Live*!, ABC, March 24, 2016.

Robin Lakoff, "Nice and Tough," Robin Lakoff.com, Jan. 19, 2016, http:// robinlakoff.com/language/nice-and-tough/.

Robin Lakoff, "Listening to Her: Reprise," Robinlakoff.com, March 22, 2016, http://robinlakoff. com/language/listening-toher-reprise/.

Kieran Snyder, "The Abrasiveness Trap: High Achieving Men and Women are Described Differently in Reviews," *Fortune*, August 26, 2014.

Jennifer Lawrence, "Why Do I Make Less than My Male Co-stars?," *Lenny Letter*, October 12, 2015.

Tamar Gottesman, "Beyoncé Wants to Change the Conversation," *ELLE*, April 4, 2016.

第2章

Amy Cuddy, *Presence: Bringing Your Boldest Self to Your Biggest Challenges* (New York: Little, Brown and Company, 2015).

"Bringing 'Presence to Your Life,'" *Here and Now* (WBUR-FM). Podcast audio, Dec. 22, 2015, http://www.wbur.org/hereandnow/2015/12/22/ presence-amy-cuddy.

Hunter Schwartz, "A Remarkable Photo of President Obama and Angela Merkel," *The Washington Post*, June 8, 2015.

Kitty Kay and Claire Shipman, "The Confidence Gap," *The Atlantic* May 2014.

Carol Dweck, *Mindset: The New Psychology of Success* (New York: Ballantine Books, 2006).

Cindi Leive, "Career Advice from Hillary Rodham Clinton: "You Don't Have to be Perfect, Most Men Never Think Like That.", *Glamour*, August 7, 2014.

Sheryl Sandberg, *Lean In: Women, Work and the Will to Lead*, (New York: Knopf, 2013).

第3章

Horace Walpole, "The Invention of *Serendipity*," *The Paris Review*, Jan. 28, 2016.

Steven Johnson, *Where Good Ideas Come From: The Natural History of Innovation*, (New York: Riverhead Books, 2010).

Malcolm Gladwell, *Outliers: The Story of Success*, (New York: Little, Brown and Company, 2008).

Ann Friedman, "Shine Theory: Why Powerful Women Make the Greatest Friends," *New York*, May 31, 2013.

Adam Grant, *Give and Take: Why Helping Others Drives Our Success*, (New York: Penguin, 2013).

第4章

Brooks Barnes, "Networking in the 'Girls' Lounge'" *The New York Times*, March 5, 2016.

Rachel Sklar, "I'm 41, Single and Pregnant," Medium.com, Oct. 29, 2014, https://medium.com/thelist/im-41-single-and-pregnant-9b2da840a45a#.t4yjlbkfm.

Malcolm Gladwell, *The Tipping Point: How Little Things Can Make a Big Difference*, (New York: Little, Brown and Company, 2000).

Shane Snow, *Smartcuts: How Hackers, Innovators and Icons Accelerate Success*, (New York: HarperCollins, 2014), 124.

Reid Hoffman, "Why Relationships Matter: I-To-The-We," LinkedIn.com, November 6, 2012, https://www.linkedin.com/pulse/20121106193412-1213-why-relationships-matter-i-to-the-we/.

Jacob Morgan, "Why Every Employee Should be Building Weak Ties at Work," *Forbes*, March 11, 2014.

Athena Vongalis-Macrow, "Assess the Value of your Networks," *Harvard Business Review*, June 29, 2012.

第5章

Ken Auletta, "Jill Abramson and the Times: What Went Wrong?," *The New Yorker*, May 15, 2014.

Juliet Eilperin, "White House Women Want to be in the Room Where It Happens," *Washington Post*, Sept. 13,2016.

Mark Berman, "Watch Jill Abramson's Commencement Speech at Wake Forest," *The Washington Post*, May 19, 2014.

Jill Abramson, "Struck on the Street: Four Survivors," *The New York Times*, May 2, 2014.

第6章

Dan Lyons, "Congratulations! You've Been Fired," *The New York Times*, April 9, 2016.

Reid Hoffman, Ben Casnocha, and Chris Yeh, *The Alliance: Managing Talent in the Networked Age*, (Boston: Harvard Business Review Press, 2014).

Patty McCord, "How Netflix Reinvented HR," *Harvard Business Review*, Jan - Feb. 2014.

Deborah Copaken Kogan, "My So - Called 'Post - Feminist Life' in Arts and Letters," *The Nation*, April 9, 2013.

Deborah Copaken, "Harvard Grad, 48, Loses Job and Insurance, Gets Rejected by The Container Store," Forbes.com (repost from Cafe. com), Nov. 4, 2014, http://www. forbes. com/sites/nextavenue/2014/11/04/ harvard-grad-48-loses-job-and-insurance-gets-rejected-by-container- store/#71a032695331.

KJ Dell'Antonia, "Writer, Rejected for a Retail Job, is Embraced and Vilified on Face book," *The New York Times*, KJ Dell'Antonia, Nov. 3, 2014.

第7章

"Hillary Clinton Endorses Barack Obama," *The New York Times*, Transcript of Hillary Clinton Concession Speech, June 7, 2008.

Candice M. Hughes, PhD, MBA, "How Women Entrepreneurs Can Accelerate to Break Out Growth," Forbes.com, Dec. 1, 2014.

Dan Primack, "Women are Not Making Progress in Male-Dominated VC World, Data Shows" *Fortune*, , Jan. 30, 2015.

Kevin Roose, "The Failure Fetish in Silicon Valley," *New York*, March 25, 2014.

George Bradt, "Want to Fail fast, Do These Things," *Forbes*, Jan. 23, 2013.

Ryan Holiday, "Why You Should Embrace Failure," *Psychology Today*, May 12, 2014.

第8章

"Camp Gyno," YouTube video, posted by "Helloflo," July 28 2013.

"First Moon Party," YouTube video, posted by "Helloflo," August 2014.

Russell Simmons, "Russell Simmons: 3 Simple Ways Meditation Will Make You a Better Entrepreneur,", *Entrepreneur*, March 8, 2014.

"Russell Simmons Explains Finding Success Through Stillness," rollingout. com, March 7, 2014, http://rollingout.com/2014/03/07/russell-simmons-explains-finding-success-stillness/.

第9章

Sam Laird, "The Rise of the Mommy Blogger," http://mashable.

com/2012/05/08/mommy-blogger-infographic/#yz6ZwVnJmkqG.

Lisa Belkin, "Queen of the Mommy Bloggers," *The New York Times*, Feb. 23, 2011.

Gillian B. White, "Women are Owning More and More Small Businesses," *The Atlantic*, April 17, 2015.

第10章

Aliza Licht, *Leave Your Mark: Land Your Dream Job. Kill it in Your Career. Rock Social Media*, (New York: Grand Central Publishing, 2015).

Kirsten Fleming, "The 'DKNY PR Girl' Reveals How to Get Out of a Career Rut," *New York Post*, May 4, 2015.

Meredith Fineman, "What Your Professional Bio Needs to Get Noticed," *Harvard Business Review*, March 2, 2015.

第11章

Lisa Belkin, "The Opt-Out Revolution," *The New York Times Magazine*, Oct. 26, 2003.

Leslie Stahl, "October 10, 2004," 60 *Minutes*, CBS, Oct. 2004.

Heather Hewett, "Telling it Like it Is: Rewriting the Opt-out Narrative," mothersMoverment. org, Oct. 3, 2005, http://www. mothersmovement.org/ features/05/h_ hewett_ 1005/opting_ out _ print.htm.

Ralph Gardner, Jr., " Mom Vs. Mom," *New York*, Oct. 21, 2002.

Miriam Peskowitz, *The Truth Behind the Mommy Wars: Who Decides What Makes A Good Mother*, (New York: Seal Press, 2005).

Judith Warner, "The Opt-Out Generation Wants Back In," *The New York Times*, Aug, 7, 2013.

Sylvia Ann Hewlett and Carolyn Buck Lace, "Off Ramps and On-Ramps," *Harvard Business Review*, March 2005.

"Life and Leadership after HBS," Harvard Business School, May 2015.

" Millennials in the Workplace Reinforcements, Not Trophies," April 12, 2016

Jody Greenstone Miller and Matt Miller, "The Rise of the Supertemp," *Harvard Business Review*, May 2012.

第12章

Meredith Levo, "Do You Feel Like a Fraud? You might Have the Impostor Syndrome," http://www.levo.com/articles/career-advice/female-boss-impostor-syndrome, March 28, 2014.